U0271456

本书为国家自然科学基金资助项目（项目号：71433007，71761147002，71403118）

# 长三角区域大气污染防治长效管理制度研究

张海燕　毕　军　著

南京大学出版社

**图书在版编目(CIP)数据**

长三角区域大气污染防治长效管理制度研究 / 张海燕，
毕军著. — 南京：南京大学出版社，2020.6
ISBN 978 - 7 - 305 - 23200 - 8

Ⅰ. ①长… Ⅱ. ①张… ②毕… Ⅲ. ①长江三角洲－
空气污染－污染防治－研究 Ⅳ. ①X51

中国版本图书馆 CIP 数据核字(2020)第 077463 号

出版发行　南京大学出版社
社　　址　南京市汉口路 22 号　　　　邮　编　210093
出 版 人　金鑫荣
**书　　名　长三角区域大气污染防治长效管理制度研究**
著　　者　张海燕　毕　军
责任编辑　甄海龙　　　　　　　　编辑热线　025 - 83595840
照　　排　南京南琳图文制作有限公司
印　　刷　徐州绪权印刷有限公司
开　　本　880×1230　1/32　印张 6　字数 163 千
版　　次　2020 年 6 月第 1 版　2020 年 6 月第 1 次印刷
ISBN 978 - 7 - 305 - 23200 - 8
定　　价　30.00 元

网址：http://www.njupco.com
官方微博：http://weibo.com/njupco
官方微信号：njupress
销售咨询热线：(025) 83594756

# 目　录

# 第一章

# 绪 论

长江三角洲地区是中国经济发展最活跃、开放程度最高、创新能力最强、一体化发展程度最深入的区域之一。长三角城市群是全球六大城市群之一，以全国3.7%的国土面积承载了16.0%的人口，创造了18.5%的国内生产总值（GDP）①。2018年6月，长三角印发《长三角地区一体化发展三年行动计划（2018—2020年）》，计划在交通互联互通、产业协同创新和环境整治联防联控等七个重点领域深化合作，实现更高质量的一体化发展。2018年11月，中央将长三角区域一体化发展上升为国家战略。2019年5月，中央政治局会议审议通过《长江三角洲区域一体化发展规划纲要》，为长三角区域一体化发展提供顶层设计，加速推动区域一体化进程。

大气污染联防联控是长三角区域一体化发展的重点领域，也是长三角区域协同发展中探索最深入的领域之一。作为我国经济最发达的区域，长三角也是我国能源消耗和大气污染物排放最密集的区域之一。随着城市群的扩张，长三角区域大气复合污染特征明显，常态化污染与重污染天气共存、多污染源多污染物效应叠

① 2016年国家发展改革委和住房城乡建设部联合印发的《长江三角洲城市群发展规划》指出长三角城市群位于上海市、江苏省、浙江省和安徽省内，包括上海市，江苏省的南京、无锡、常州、苏州、南通、盐城、扬州、镇江、泰州，浙江省的杭州、宁波、嘉兴、湖州、绍兴、金华、舟山、台州，安徽省的合肥、芜湖、马鞍山、铜陵、安庆、滁州、池州和宣城，共26市。

加、局地和区域污染相互影响、大气污染与气候变化作用交叉,严重影响着长三角区域的社会经济发展和人民群众的日常生活。严峻、复杂的大气污染形势和重要的社会经济地位共同决定了长三角地区亟须开展区域大气污染协作治理。

2013年9月,国务院发布《大气污染防治行动计划》,将长三角地区列为大气污染防治的三大重点区域之一,并设置了到2017年区域细颗粒物(PM$_{2.5}$)年均浓度比2012年下降20%左右的目标。2014年1月7日,由长三角三省一市和国家八部委共同组成的长三角区域大气污染防治协作机制正式启动。基于"协商统筹、责任共担、信息共享、联防联控"的协作原则,长三角区域大气污染防治协作小组从燃煤总量控制、过剩产能淘汰、交通污染治理等多方面推动长三角区域大气污染联防联控,有效改善了长三角地区的环境空气质量。2017年,长三角区域的PM$_{2.5}$平均浓度下降至44微克/立方米,比2013年下降了34.3%,超额完成《大气污染防治行动计划》设定的目标。2018年6月,国务院印发《打赢蓝天保卫战三年行动计划》,继续将长三角地区列为重点区域,持续开展区域大气污染防治行动。

本书聚焦长三角区域在点源、移动源、重污染天气应急、重大活动空气质量保障和一体化政策体系等领域的大气污染治理协作,全面系统地刻画了长三角区域空气质量管理的一体化进程。通过对不同领域差异化协作进程的比较分析,本书为构建长三角区域大气污染防治长效管理机制,完善我国区域空气质量治理模式,推动长三角生态环境治理一体化进程提供政策建议。

## 第一节 长三角地区概况

长江三角洲地区位于中国东海之滨、长江下游,包含上海市、江苏省、浙江省和安徽省,地域面积35.9万平方公里,2017年常住人口2.2亿,经济总量19.5万亿元人民币。作为中国经济最发达的地区,长三角地区以 3.7％的国土面积,承载了全国六分之一的人口,创造了近四分之一的经济总量。作为一带一路和长江经济带的重要交汇点,长三角是当前中国区域化和城市化程度最高的区域之一。2017 年,长三角地区平均城市化率为 66.3％,比全国平均水平高出近八个百分点;区域进出口总额高达 10.29 万亿元,占全国外贸总量的 37.0％(见表 1－1)。长三角区域呈现典型的外向型经济特征。

表 1－1 2017 年长三角社会经济总体情况

| | 人口<br>(万人) | 城镇<br>化率<br>(％) | GDP<br>(亿元) | 三产结构<br>(％) | 外贸进出<br>口总额<br>(亿元) | 人均可支<br>配收入<br>(元) |
|---|---|---|---|---|---|---|
| 上海 | 2 418 | 87.7 | 30 633 | 0.4∶30.5∶69.2 | 30 286 | 58 988 |
| 江苏 | 8 029 | 68.8 | 85 870 | 4.7∶45.0∶50.3 | 43 096 | 35 024 |
| 浙江 | 5 657 | 68.0 | 51 768 | 3.7∶42.9∶53.3 | 26 021 | 42 046 |
| 安徽 | 6 255 | 53.5 | 27 018 | 9.6∶47.5∶42.9 | 3 453 | 21 863 |
| 长三角 | 22 359 | 66.3 | 195 289 | 4.4∶42.5∶53.0 | 102 856 | 35 710 |
| 全国 | 139 008 | 58.5 | 827 122 | 7.9∶40.5∶51.6 | 278 101 | 25 974 |

从经济总量看,长三角地区工业化程度高,拥有密集、齐全的产业链。区域内石油化工、装备制造、纺织和钢铁等产业的经济体量大、能源消耗量大。2017 年,长三角三省一市的布匹和化学纤维产量分别占全国总产量的 43％和 73％;集成电路、家用冰箱和洗衣机产量分别占全国总产量的 54％、57％和 71％。从产业布局看,长三角地区的石油化工、钢铁和电力等行业产业布局相对集中,密集的大气和水污染物排放给区域环境质量改善造成较大压力。此外,长三角区域拥有我国最高效便捷的区域综合交通网络,港口密集,机动车船保有量大,交通量增长迅速。车、船等流动源已经成为长三角区域大气污染的主要来源。

长三角位处长江经济带和"一带一路"的交汇处,是我国经济最具活力、人口最为密集、开放程度最高的区域之一,在我国社会主义现代化建设和全方位开放格局中占据举足轻重的战略地位。长三角地区现有的产业结构布局以及密集的要素流动对区域空气质量改善形成了巨大挑战,影响长三角区域的长期竞争力。

## 第二节　长三角区域空气污染状况

　　长三角是我国经济最发达、人口最密集、空气污染最严重的区域之一。随着长三角地区社会经济的快速发展,区域性大气污染已成为一种常态,严重影响社会经济的可持续发展和人民群众的日常生活。地缘上的相邻使得长三角各地大气污染问题和污染特征趋同,交叉污染严重,其中任何一个地区都无法独自解决区域性大气污染问题。

　　长三角区域的空气污染呈现以臭氧、细颗粒物和酸雨为代表的区域性复合型污染特征:传统的煤烟型污染、机动车尾气污染与二次污染叠加,常态化污染与重污染天气共存,局地与区域污染相互影响,大气污染与气候变化作用交叉。短期内集中爆发的区域复合型大气污染问题为现行的属地化环境管理模式带来了巨大的挑战。长三角亟须建立区域大气污染防治的长效管理机制,强化大气点源与移动源的常态化管理,推动区域大气污染的精准化应急管理。

　　长三角区域社会经济的快速发展伴随着大量的资源和能源消耗。近十年,长三角的能源消费总量从2006年的4.82亿吨标准煤增加到2016年的7.57亿吨。2016年长三角能源消费量占全国消费总量的17.4%,其中上海、江苏、浙江和安徽分别占全国能源消费比重的2.7%、7.1%、4.7%和2.9%。自"十二五"以来,长三角区域能源消费总量增速明显放缓,年均增速从"十一五"期间的7.7%下降到"十二五"期间的3.0%。长三角地区能源消费结构不断优化,煤炭占比持续下降,天然气、一次电力和外来电占比不断攀升,可再生能源份额逐渐升高。"十二五"期间,长三角地区煤炭占一次能源消费的比重从 2010 年的 67.5％下降到 2015 年的 59.5％，下降了近 8 个百分点。江苏省和安徽省的煤炭消费占比较高，分别为 64.4％和 78.0％，高于 64.0％的全国平均水平。2015 年安徽省燃煤机组占电力装机比重高达 80％，比全国平均水平高约 20 个百分点，非化石能源消费比重比全国平均水平低 8.8 个百分点，能源结构调整任务艰巨。

"十二五"期间，长三角各省市单位 GDP 能耗下降明显（见图 1-1）。2015 年上海市、江苏省、浙江省和安徽省的能源强度分别为 0.51、0.55、0.56 和 0.74 吨标准煤/万元，分别比 2010 年下降 29％、26％、21％和 24％（以 2005 年不变价计算），均超额完成"十二五"的节能目标。与全国平均水平相比，长三角地区的平均能耗强度较低，下降速度较快。但与发达国家相比，长三角地区的单位 GDP 能耗水平依然偏高。

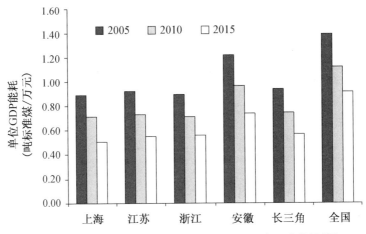

图 1-1　长三角区域单位 GDP 能耗（以 2005 年不变价计算）

大量化石能源燃烧给长三角区域环境空气质量带来了巨大压力。2012 年电厂和其他工业燃烧设施分别贡献了 18.2％和 73.7％的二氧化硫（$SO_2$）排放，以及 37.6％和 41.3％的氮氧化物

（$NO_x$）排放。长三角区域颗粒物（$PM_{10}$）的来源相对复杂，主要排放源依次是工业生产、扬尘、工业燃烧、电厂，分别占排放总量的46%、31%、11%和5%；$PM_{2.5}$的排放分担率与$PM_{10}$相近，主要排放源为工业生产、扬尘、工业燃烧、秸秆燃烧和电厂排放，分别占排放总量的40%、25%、15%、6%和5%；挥发性有机物（VOCs）排放主要来自工业过程（包括石化、化工和涂装等生产排放）、机动车、市政建筑喷涂排放，分别占总排放量的51%、21%和16%。长三角区域的排放密集区主要集中在长江下游的沿江地区和杭州湾地区[①]。

2013年《大气污染防治行动计划》实施以来，长三角区域环境空气质量显著改善。2017年长三角区域$PM_{2.5}$平均浓度下降至44微克/立方米，比2013年下降了34.3%，超额完成20%的设定目标[②]。$SO_2$和$PM_{10}$等一次污染物浓度也同步大幅下降。主要大气污染物浓度的显著下降主要得益于燃煤、工业、机动车尾气和扬尘等一次污染物的有效控制。其中，上海市、江苏省和浙江省的$PM_{2.5}$浓度分别下降37.1%、32.9%和36.1%，安徽省的$PM_{10}$浓度也下降了11.1%（见表1-2）。

表1-2　2013—2017年长三角的颗粒物浓度变化[③]（单位：微克/立方米）

| 省份 | 污染因子 | 2013 | 2014 | 2015 | 2016 | 2017 | 变化 |
|---|---|---|---|---|---|---|---|
| 上海 | $PM_{2.5}$ | 62 | 52 | 53 | 45 | 39 | −37.1% |
| 江苏 | $PM_{2.5}$ | 73 | 66 | 58 | 51 | 49 | −32.9% |
| 浙江 | $PM_{2.5}$ | 61 | 53 | 47 | 44 | 39 | −36.1% |
| 安徽 | $PM_{10}$ | 99 | 95 | 80 | 77 | 88 | −11.1% |
| 江浙沪 | $PM_{2.5}$ | 67 | 60 | 53 | 46 | 44 | −34.3% |

---

① 数据来源于环保部公益项目"长三角大气质量改善与综合管理关键技术研究"（201409008）的研究报告。

② 此处的长三角区域$PM_{2.5}$浓度指上海市、江苏省和浙江省两省一市2017年的年均浓度。

③ 数据来源于《长三角区域大气污染防治协作小组办公室工作简报》2018年第1期（2018年2月8日）。

　　尽管 PM$_{2.5}$ 减排的成绩瞩目,长三角地区大气污染治理的形势依旧严峻。2017 年长三角区域 PM$_{2.5}$ 年均浓度比国家二级标准(35 微克/立方米)超标 25.7%,PM$_{2.5}$ 仍是影响区域空气质量全面达标的最关键污染物。2018 年 1 月,长三角又出现了长时间大范围的重污染天气,区域环境空气质量改善效果并不稳固。长三角各地空气质量改善也存在一定的区域差异和不平衡:苏北和皖北的空气污染较重,粗颗粒物和煤烟型污染问题同时存在,PM$_{2.5}$ 浓度明显高于区域平均水平;沿江沿海沿湾地区产业和交通密集,是我国石化化工产业聚集区,PM$_{2.5}$ 和臭氧的超标问题同时显现,污染防治任重道远。

　　此外,长三角区域臭氧污染日益凸显。夏秋季节,受副热带高压影响,长三角地区容易出现大范围持续性的高浓度臭氧污染。近年来,长三角区域以臭氧为首要污染物的天数逐年增加,臭氧浓度水平持续攀升,区域光化学污染问题逐渐凸显。2017 年,上海市的臭氧年均浓度高达 181 微克/立方米,作为污染日首要污染物的占比高达 57.8%(见图 1-2)。在夏季高温和强太阳辐射等强

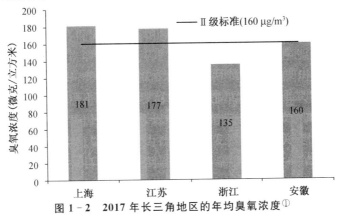

图 1-2　2017 年长三角地区的年均臭氧浓度[①]

---

　　① 本图中的臭氧浓度为年均日最大 8 小时平均浓度。《环境空气质量标准》(GB3095—2012)中臭氧日最大 8 小时平均浓度的 I 级标准为 100 ug/m³,II 级标准为 160 ug/m³。

大气氧化性条件下，二次颗粒物组分生成显著增强，$PM_{2.5}$ 与臭氧污染的耦合效应较为显著。《大气防治行动计划》实施以来，长三角区域 $PM_{2.5}$ 浓度下降带来的空气质量改善正被臭氧污染所削弱，空气质量优良率提升缓慢。

为协同控制严峻的 $PM_{2.5}$ 与臭氧污染问题，"十三五"期间中国将产生二次污染的核心前体物——挥发性有机物（VOCs）列入污染物总量控制计划，预计到 2020 年使全国 VOCs 排放总量比 2015 年下降 10％以上，其中上海市、江苏省和浙江省的 VOCs 减排比例为 20％，安徽省的减排比例为 10％。作为全国重要的石化产业核心聚集区，长三角区域 VOCs 排放密集、复合污染尤为突出。2015 年长三角三省一市的 VOCs 排放总量为 454.2 万吨。工业过程和机动车排放是长三角区域人为源 VOCs 的最主要来源，分别占排放总量的 51％和 21％[①]。当前 VOCs 减排正成为长三角区域协同控制 $PM_{2.5}$ 和臭氧污染的关键措施。

## 第三节　长三角区域一体化进程

长三角是我国最早探索经济社会一体化的区域，也是当前我国一体化发展最深入的区域之一。早在 20 世纪 80 年代，长三角部分省市就开始探索依托中心城市和城市群推动长三角区域经济一体化发展。几十年来，长三角区域合作协调机制先后经历了上海经济区规划办公室（1984—1987 年）、长三角协作办主任联席会议（1992—1997 年）、长三角城市经济协调会（1997 年到现在）、沪苏浙经济合作与发展座谈会（2001 年到现在）等多个阶段。2008 年《国务院关于进一步推进长江三角洲地区改革开放和经济社会发展的指导意见》中明确提出"长三角一体化发展"的概念，长三角

---

① 数据来源于环保部公益项目《长三角大气质量改善与综合管理关键技术研究》（201409008）的项目报告。

区域合作开始从以市场力量为主转变为市场与行政力量并行。

　　2009 年,长三角地区正式形成了"三级运作、统分结合"的区域合作协调机制。"三级运作"机制由决策层、协调层和执行层组成(见图 1-3)。决策层即长三角三省一市主要领导座谈会,是长三角最高层次的联合协调机制,每年召开一次,主要决定区域合作的方向、目标和原则等重大问题;协调层是由常务副省(市)长参加的区域合作与发展联席会议,每年召开 1—2 次,主要负责部署主要领导座谈会,协调推进区域发展的重大合作事项;执行层包括设立在各省(市)发展改革委的"联席会议办公室"和"重点合作专题组"等[1]。长三角区域合作开始进入全面务实的推进阶段。

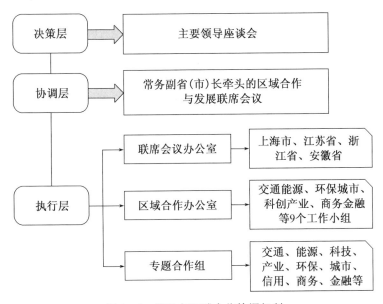

图 1-3　长三角区域合作协调机制

2010 年 5 月,国务院批准《长江三角洲地区区域规划》,明确将长三角地区定位为"亚太地区重要的国际门户"、"全球重要的现代服务业和先进制造业中心"和"具有较强国际竞争力的世界级城市群"。2016 年国务院批复《长江三角洲城市群发展规划》,推动长三角城市群建设。2014 年和 2018 年,习近平总书记两次做出重要指示,要求长三角按照国家统一规划和统一部署继续完善区域合作协调机制,实现更高质量的一体化发展。2018 年 11 月,中国将长三角区域一体化发展提升为国家战略。

2018 年 1 月,长三角三省一市联合组建"长三角区域合作办公室",通过联合办公加强跨区域部门间信息沟通、资源统筹和工作联动,提高三省一市务实合作的成效。2018 年 6 月,三省一市共同研究编制《长三角地区一体化发展三年行动计划(2018—2020年)》,计划在交通互联互通、产业协同创新和环境整治联防联控等七个重点领域深化合作,实现更高质量的一体化发展。2019 年 5月,中央政治局审议通过《长江三角洲区域一体化发展规划纲要》,为长三角一体化发展提供顶层设计,加速推动区域一体化进程。长三角三省一市正深入实施国家区域协调发展战略,全方位、深层次地推进区域间合作,落实完善区域常态化合作的长效机制。

## 第四节　长三角区域大气污染防治的协作进程

生态环境协同保护既是长三角区域一体化发展的重要内容,也是推动区域高质量一体化发展的重要举措。2003 年举行的第四次长江三角洲城市经济协调会就将环境问题纳入经济合作的框架中。2004 年 6 月,江浙沪两省一市环保部门共同发布了国内第一份区域环境合作宣言——《长江三角洲区域环境合作宣言》。2008 年底,江浙沪共同签订了《长江三角洲地区环境保护合作协议(2009—2010 年)》,从 2009 年开始在提高区域环境准入和污染物排放标准、创新区域环境经济政策和加强区域大气污染控制等六大领域开展区域环保合作。

为推动区域合作协议的具体落实,2009 年 4 月,江浙沪召开长三角地区环境保护合作第一次联席会议,由三地环保部门分别牵头开展"加强区域大气污染控制"(上海)、"健全区域环境监管联动机制"(浙江)和"完善区域绿色信贷政策"(江苏)工作。长三角地区环境保护合作自此进入实质性启动阶段。2013 年 4 月,长三角城市经济协调会在合肥发布《长三角城市环境保护合作(合肥)宣言》,将安徽省正式纳入长三角区域环境保护体系,共同打造绿色长三角。

长三角区域大气污染防治协作最早出现于 2010 年上海市世博会空气质量保障工作中。在区域环境保护合作协议平台的基础上,江浙沪两省一市的环保部门以 2010 年上海世博会为契机,积极探索区域大气污染联防联控工作,编制并实施了《2010 年上海世博会长三角区域环境空气质量保障联防联控措施》,成功保障了上海世博会期间的空气质量[2]。

随着酸雨、灰霾和光化学烟雾等区域性大气污染问题日益突出,2010 年 5 月,原环保部、发改委、能源局等九个部委联合制定《关于推进大气污染联防联控工作改善区域空气质量的指导意见》,将京津冀、长三角和珠三角等区域列入大气污染联防联控重点区域,并确立了"统一规划、统一监测、统一监管、统一评估、统一协调"的区域大气污染联防联控指导思想。2013 年 9 月,国务院发布《大气污染防治行动计划》,将长三角地区列为大气污染防治三大重点区域之一,并设置了"到 2017 年 $PM_{2.5}$ 年均浓度比 2013 年下降 20% 左右"的目标。2015 年新修订的《大气污染防治法》也设立了"重点区域大气污染联合防治"和"重污染天气应对"两个专章,进一步凸显区域大气污染联防联控制度在我国大气污染防治中的重要地位。

**表 1-3   长三角区域大气污染防治协作进程**

| 时间 | 长三角大气污染防治协作进程 |
|------|------|
| 2003 年 | • 第四次长江三角洲城市经济协调会首次将环境问题纳入区域经济合作的框架 |
| 2004 年 | • 江浙沪两省一市环保部门共同发布国内第一份区域环境合作的宣言——《长江三角洲区域环境合作宣言》 |
| 2008 年 | • 江浙沪共同签订《长江三角洲地区环境保护合作协议（2008—2010 年）》,建立区域环境保护合作联席会议制度,并将加强区域大气污染控制列为区域环保合作的六大领域之一 |
| 2009 年 | • 江浙沪在上海召开长三角地区环境保护合作第一次联席会议,正式启动区域环境保护合作工作,将研究制定并落实世博会区域联动空气质量保障措施作为三项具体工作方案之一 |
| 2010 年 | • 编制并实施了《2010 年上海世博会长三角区域环境空气质量保障联防联控措施》,成功保障了上海世博会期间的空气质量 |
| 2013 年 | • 国务院发布《大气污染防治行动计划》,将长三角列为大气污染防治的三大重点区域之一 |
| 2014 年 | • 长三角区域大气污染防治协作机制正式启动,并成立长三角区域大气污染防治协作小组<br>• 成立长三角区域空气质量预测预报中心,启动区域空气质量预测预报体系建设,为长三角区域空气质量预报和污染防控提供技术支持<br>• 协作小组制定《长三角区域空气重污染应急联动工作方案》<br>• 原环保部印发《长三角地区重点行业大气污染限期治理方案》,在电力、钢铁、水泥和平板玻璃四个行业开展大气污染限期治理行动 |
| 2015 年 | • 协作小组审议通过《长三角区域协同推进高污染车辆环保治理的行动计划》《长三角区域协同推进港口船舶大气污染防治工作方案》 |
| 2016 年 | • 协作小组发布《长三角区域挥发性有机物污染防治协作建议》<br>• 长三角区域率先实施船舶排放控制区,加快推广岸电和港作机械"油改气"、"油改电"等工作 |

（续表）

| 时间 | 长三角大气污染防治协作进程 |
|------|------|
| 2017 年 | • 长三角区域启动机动车环保信息共享平台建设 |
| 2018 年 | • 三省一市信用办及生态环境部门共同签署《长三角地区环境保护领域实施信用联合奖惩合作备忘录》<br>• 《长三角区域环境保护标准协调统一工作备忘录》正式签署 |
| 2019 年 | • 协作小组审议通过《长三角区域柴油货车污染协同治理行动方案（2018—2020 年）》和《长三角区域港口货运和集装箱转运专项治理（含岸电使用）实施方案》<br>• 三省一市联合签署《加强长三角临界地区省级以下生态环境协作机制建设工作备忘录》<br>• 毗邻的上海市青浦区、江苏省苏州市吴江区、浙江省嘉兴市嘉善县政府联合签署《关于一体化生态环境治理工作合作框架协议》 |

  2014 年 1 月，由长三角三省一市会同国家八部委组成的长三角区域大气污染防治协作机制正式启动，成立了长三角区域大气污染防治协作小组，并明确了"协商统筹、责任共担、信息共享、联防联控"的协作原则。首次召开的长三角区域大气污染防治协作机制工作会议明确了"会议协商、分工协作、共享联动、科技协作、跟踪评估"五项工作机制，并确定了燃煤总量控制、过剩产能淘汰、交通污染治理等六大重点协作行动[3]。区域大气污染防治协作机制的启动为长三角区域大气污染防治长效机制的形成提供了基本的组织制度保障，使常态化的区域减排和治污协作成为可能。长三角大气污染防治协作也由横向府际合作为主导的合作模式转变为横向和纵向府际合作相结合的模式。

  长三角区域大气污染防治协作小组通过加强长三角各省市间以及各部门间的有机协作，强化了区域大气污染联防联控的合力。具体工作机制包括统一标准的对接机制、统一监测监管的联动机制、强化科技支撑的协作机制、重污染天气和重要活动的应急保障机制、统一协调的沟通机制以及构建第三方管理和环境服务的准入机制。协调小组的工作任务包括在响应国家要求的基础上制定并推动落实区域年度协作任务,发布专题工作方案,开展重点活动的保障工作,定期筹备工作小组会议和不断加强区域协作能力建设。

目前,长三角区域大气污染防治协作机制已具备组织协调、预测预报区域空气质量、分析污染问题成因和制定政策方案措施的能力[3]。长三角区域大气污染防治协作小组办公室和长三角区域空气质量预测预报中心是区域大气污染防治协作机制重要的组织机构。协作小组办公室主要负责组织筹备协作小组会议和协作小组办公室各类会议,起草区域大气污染防治协作的各类专报与政策文件,并跟踪、评估阶段性的区域协作工作。区域空气质量预测预报中心以"一个区域中心+四个分中心"为框架,整合三省一市空气质量监测和预报的资源与需求,为长三角区域空气质量预报和污染防控提供技术支撑。

2014年以来,长三角区域大气污染防治协作机制结合三省一市实际情况,在落实国家相关目标要求的基础上制定并推动年度协作任务的落实,在大气点源治理、移动源管控、重污染天气应急管理和重大活动空气质量保障等多个方面推进长三角区域大气污染的协作治理(见表1-4)。长三角区域大气污染防治协作机制也由构建互信的"浅表协作"逐步转入"中度协作"和"深度协作"的阶段,协作议程日趋完善,协作的深度和广度不断扩大,并在不同的议题上呈现出差异化的协作进程[4]。

表1-4　2014年长三角区域大气污染防治协作的十大重点领域①

| 长三角区域大气污染防治协作工作重点 |
| --- |
| 1. 严控燃煤消耗总量,加快能源结构优化调整,大力推进中小燃煤锅炉用清洁能源替代 |
| 2. 严控产能过剩,加快污染企业结构调整和高标准治理 |

---

① 来源:《长三角区域落实大气污染防治行动计划实施细则》。

| |
|---|
| 3. 加强交通污染治理,加快落实油品升级,推广清洁能源车应用,全面淘汰黄标车<br>4. 加强扬尘污染控制,对建设工地、道路保洁、渣土运输、堆场作业落实扬尘控制规范措施<br>5. 通过法律、技术、经济等多种措施推进秸秆禁烧工作<br>6. 加强大气重污染预警应急联动,做好空气重污染预警和应急预案的对接,建立环境、气象数据共享长效机制,加快建成长三角区域大气污染预测预报体系<br>7. 加快推进大气污染防治政策和标准的逐步对接,优先推进油品标准、机动车污染排放标准、重点污染源排放标准实施的对接<br>8. 推动大气污染的第三方治理,构建统一开放的环境服务市场<br>9. 加强科技协作,共同组织开展区域大气污染成因溯源和防治政策措施等重大问题的联合研究<br>10. 根据《大气污染防治目标责任书》要求,做好责任分解落实,加强跟踪评估和考核,确保各项措施落到实处 |

　　大气污染联防联控是长三角区域一体化中探索最深入的领域,也是我国区域联防联控制度的重点领域。2016 年长三角区域污染防治协作由"气"到"水",区域污染联防联控内容更加全面,认识更加统一,逐步形成"国家指导、区域协同、地方负责"的有效机制。长三角区域大气污染治理协作机制的发展呈现了由表及里的动态演进历程。在大气污染常态化管理的区域协作中,长三角在机动车和船舶等移动源管控方面已初步建立了深度协作机制,但在大气点源治理中仍未实现真正意义上的联防联控;在大气污染应急管理的区域协作中,长三角在重大活动空气质量保障的多项实践中已形成了深度协作机制,但在重污染天气应急联动管理领域仍未统一各地的应急标准[4]。在环境信用一体化的专项协作中,长三角也实现了中度到深度的协作。但由于社会经济发展水平及能源结构等差异,长三角大气污染区域协作在统一标准和统一监管等方面还仅处于浅表协作的状态。

　　本书以长三角区域大气污染防治协作进程为研究对象,深入分析长三角区域在大气点源治理、环境准入政策、环境经济政策、重污染天气应急管理以及重大活动空气质量保障等领域的协作进程，识别影响长三角差异化协作进程的关键因素和驱动机制，并提出完善区域污染协作治理的改革路径。本研究将为构建长三角区域大气污染防治的长效管理机制、深入推动长三角区域一体化进程提供政策建议。由于长三角在区域大气污染联防联控领域的带头和示范作用，本书也将为我国构建和完善重点区域环境空气质量治理模式提供政策建议。

全书共分七章。第一章阐述长三角作为研究案例的重要意义，在介绍长三角社会经济概况和区域空气污染概况的基础上，重点回顾、厘清长三角区域一体化的发展脉络和历史背景，总结长三角区域大气污染防治协作治理的进程和特征；第二章介绍美国和欧盟在区域大气污染联防联控中的国际经验和对我国区域空气质量管理的启示；第三章分析长三角点源治理与区域协作的困境，并提出构建以排污许可为核心的区域点源管理协作体系，推动区域点源管理制度的改革；第四章从区域、行业和管理层面分析长三角在环境准入领域差异化的协作进程，重点剖析长三角在移动源管理和挥发性有机物减排中的协作，为从源头推动长三角区域大气污染防治协作提供政策建议；第五章从环保投融资政策、环境财政政策、环境税费政策、环境信用政策和区域大气排污权交易制度五个方面分析市场政策在长三角区域大气污染防治协作中发挥的作用，为优化区域一体化的环境经济政策体系提供政策建议；第六章探讨长三角在重污染天气应急管理和重大活动空气质量保障中的协作进程，探讨长三角在大气污染防治应急管理与协作方面所面临的瓶颈及应对措施。第七章总结并讨论长三角区域大气污染防治协作机制在各领域的进展及存在的问题，为未来长三角区域大气污染防治的长效管理制度勾勒初步框架。

# 第二章

# 区域大气污染防治协作的国际经验

近 10 年来,中国的大气污染特征发生了巨大的变化,区域复合型污染特征明显。区域空气质量的改善关系我国社会、经济和环境的长期可持续发展。大气污染物相互传输和影响的特征将环境空气质量这一公共物品的空间尺度显著放大。空气的流动性使大气环境污染问题跨越了行政区限制,呈现出区域性特征。联动协作是改善区域大气质量唯一的选择,也是发达国家防治大气污染最为成功的经验之一。

20 世纪 70 年代以来,欧美等发达国家和地区先后在区域大气污染协调管理方面建立了较为完善的管理体系[5]。美国的南加州海岸大气环境管理机制、臭氧传输区域和州际清洁空气法规等区域协作机制是美国区域环境空气质量协调管理的主要支撑和保障。欧盟的《远程跨国界空气污染公约(CLRTAP)》和《欧盟委员会关于大气环境质量与欧洲清洁大气的指令》等法规、条令的出台也为其区域大气污染联防联控机制提供了法律保障。本章节详细分析美国和欧盟跨区域空气质量管理的制度框架,总结发达国家在区域大气污染防治方面的经验,为长三角完善区域大气污染防治协作机制提供政策建议。

## 第一节  美国的区域大气污染联防联控机制

20世纪70年代,美国在大气污染监管中引入区域联防联控机制,建立了包括州内、州际以及国家间三个尺度的跨区域联合监管机制。这三个尺度的区域联合监管机制以南加州空气质量管理局(SCAQMD)、美国东北部的臭氧传输协会(OTC)和北美自由贸易区跨界大气环境管理(NAAEC)最为典型。此外,作为最早实践排污权交易政策的国家,美国 $SO_2$ 排污权交易的演进对各国区域环境管理具有非常重要的借鉴意义。

### 一、南加州空气质量管理局(SCAQMD)

自1943年洛杉矶光化学烟雾事件以来,美国南加州地区的空气质量管理已经历了70多年。南加州是美国空气质量最差的区域,也是美国大气污染控制政策法规标准实施最严格的区域。尽管加州政府自1947年开始陆续成立了35个质量管理区,对大气环境实施分区管理,但是各区之间的独立管理已不能解决整个南加州严峻的空气污染问题[6]。1976年,加州立法建立南海岸大气质量管理区(the South Coast Air Quality Management District,SCAQMD),负责奥兰治郡(Orange)、河滨郡(Riverside)、圣贝纳迪诺郡(San Bernardio)和洛杉矶郡(Los Angeles)四郡的空气污染防治。在 SCAQMD 的努力下,南加州地区在人口和机动车辆总量显著增加的同时实现了空气质量持续改善[7]。SCAQMD 在区域大气污染防控方面取得的成效对长三角区域空气质量管理非常具有借鉴意义。

SCAQMD 由一个13人组成的管理委员会领导,负责制定区域空气质量管理的政策法规,统一监管区内固定源和移动源的污染排放。管理委员会成员中3名是由加州州政府指定的代表,10名为选举产生的各郡县代表。管理委员会下设移动源、固定源、港口和气候变化等 11 个常务委员会来推动各领域大气污染防治政策的实施。

SCAQMD 设有立法、执法和监测三大主要职能部门。作为区域性管理机构，SCAQMD 的主要职责是通过制定并实施跨界空气质量管理计划（Air Quality Management Plan，AQMP），加强区域协作，减少各类污染源的排放，促使本地区可以达到联邦和加州的清洁空气标准。基于预期的空气质量目标，立法部门每三年编制一次空气质量管理计划，制定一系列大气污染减排政策和措施，并以法规、规章或标准等形式固定下来[6]。对于固定源，SCAQMD 通过完善的排污许可体系、最佳可得控制技术、严格的现场检查与执法、信息公开与公众参与等方式来保障空气质量管理计划的实施；对于移动源，SCAQMD 通过提升油品质量、设置更严格的机动车排放标准等方式促进污染源减排。执法部门主要负责企业排污许可证的监管和对企业环保行为的监察。如发现情节严重的违规行为，SCAQMD 会对企业"以日计罚"处以高额罚金，上限高达每天 5 万美元。监测部门负责对区内大气质量进行监测分析。目前，SCAQMD 拥有 34 个大气监测站，承担区内各类空气质量监测任务，能够科学监测臭氧与光化学烟雾等的全过程污染，为制定合理 AQMP 计划和污染减排规划提供科学支撑[8]。

此外，南加州地区也是美国最早运用排污权交易市场来推动 $SO_2$ 和 $NO_x$ 减排的区域。1993 年，SCAQMD 实施区域清洁空气激励市场计划（Regional Clean Air Incentives Market Program，RECLAIM），通过区域排污权交易的市场手段逐步削减固定源 $SO_2$ 和 $NO_x$ 的排放量，促进 $PM_{2.5}$ 和臭氧浓度达标。1994—2013 年，南加州地区的 $SO_2$ 和 $NO_x$ 排放总量分别减少了 71% 和 69%[8]。RECLAIM 计划的实施有效推动了南加州地区空气质量的持续改善。

## 二、美国臭氧区域管理

自 20 世纪中期,美国就开始严格管理机动车排放,将 VOCs 和 $NO_x$ 减排作为控制臭氧污染的主要措施。该举措在美国西海岸地区取得了一定成效,但对美国东部城市空气质量改善的效果不佳。这主要是由于臭氧的前体物质存在长距离传输行为。美国东北部地区的臭氧污染很大程度上是由中西部地区大气污染物的长距离传输造成[9]。东部各州处于中西部各州的下风向,上风向州排放的臭氧前体物——特别是固定高架源排放的 $NO_x$,能输送到其他州,影响下风向各州的环境空气质量。

由于臭氧前体物的区域传输行为,美国政府在 1990 年修订的《清洁空气法案》中提出要划定臭氧传输区域(Ozone Transport Region,OTR),对臭氧实施区域化管理。《清洁空气法案》还授权在臭氧污染严重的美国东北部地区建立臭氧传输委员会(Ozone Transport Commission,OTC),负责制定和监督实施区域内的 VOCs 和 $NO_x$ 减排计划并协调 OTC 区域和中西部地区的臭氧污染控制计划。OTC 涵盖了美国东北部的 12 个州和哥伦比亚特区,由各州的环境委员和美国环保署(U. S. Environmental Protection Agency,EPA)成员组成。OTC 从根本上改变了美国东北各州在臭氧污染防治中"各自为营"的局面,形成了以州为主导,各州政府与联邦政府共同议事的区域合作机制[10]。

OTC 的主要职责包括风险评估和模型研究、固定源管理、移动源管理三部分内容[6]。其中固定源 $NO_x$ 排放是区域臭氧管理的重点。1994 年,OTR 范围内的各州(除了弗吉尼亚以外)就 $NO_x$ 控制签订了谅解备忘录,设立了各参与州的 $NO_x$ 排放限额交易制度($NO_x$ Budget Program,NBP),协助各州通过总量控制与排污交易来减少区域内电厂和大型工业锅炉的 $NO_x$ 排放量。此外,OTC 还通过频繁组织技术和政策交流会议,积极促进州际排污权交易和技术合作,提高各州之间的信任。$NO_x$ 限额交易体系的实施取得了很好的减排成果。2002 年 OTC 涵盖范围内的 $NO_x$ 排放量减少到 19 万吨,仅 1990 年水平的 40%[11]。

20 世纪 90 年代,美国电力市场开放政策对区域臭氧管理形成了巨大的挑战[11]。一方面,由于可以向发电成本更低的中西部各州购买电力,OTR 区域内的电厂将由于更严格的 $NO_x$ 排放控制要求而丧失市场竞争力。另一方面,中西部各州更多的电力生产也会影响下风向东北部各州的空气质量。为应对电力市场开放政策带来的挑战,1995 年,EPA 与东部 37 州及哥伦比亚特区共同组建了臭氧运输评估小组(The Ozone Transport Assessment Group,OTAG),评估臭氧区域传输问题,并制定区域性臭氧控制策略。OTAG 的研究显示上风向区域的 $NO_x$ 减排有助于东部各州的臭氧污染控制,控制电厂的 $NO_x$ 排放是解决臭氧污染区域传输问题的最佳路径[12]。由于上风向各州不愿意在缺乏联邦政府强制约束力的情况下自愿减排,OTAG 最终仅达成了区域减排的共识,并没有取得实质性成果。

在 OTAG 的工作基础上,EPA 于 1998 年发布 $NO_x$ SIP Call,强制要求上风向各州修改他们的州实施计划(State Implementation Plan,SIP),减少发电厂的 $NO_x$ 排放量。$NO_x$ SIP Call 的实施范围包括美国东部的 22 个州和哥伦比亚特区,这些州或地区本身的臭氧浓度不达标或者对其他州的臭氧污染有显著贡献。$NO_x$ SIP Call 计划比 OTC 的覆盖范围更大,并为各州设定了排放总量的上限,要求各州自 2003 年起削减 $NO_x$ 排放量。

在设立强制减排目标的同时,EPA 也允许各州参照 OTC 交易模式加入区域间 $NO_x$ 排污权限额交易计划(The SIP Call $NO_x$ Budget Trading)。EPA 为各州提供包含排污权分配、监管和报告要求、排污权储备、奖惩和项目管理等主要交易要素在内的规章模板。各州可以根据实际情况对交易的规章模板进行调整,但为了保证交易过程的公正性,各州对排污监管相关的条款不可进行更改。面对联邦政府强制性的减排目标,各相关州都加入了这项区

域间 $NO_x$ 排污权限额交易计划。2006 年 $NO_x$ SIP Call 地区的 $NO_x$ 排放量较 2000 年减少了 60%,臭氧平均浓度降低了 5%—8%,区域内环境空气质量显著改善[13]。

为推动臭氧浓度进一步达标,2005 年 10 月,EPA 发布《清洁空气州际法规》(Clean Air Interstate Rule,CAIR),计划到 2015 年将 25 个东部州和哥伦比亚特区电力行业 $SO_2$ 和 $NO_x$ 的排放量在 2003 年的基准上削减一半。2011 年,EPA 用《跨州空气污染法规》(Cross-State Air Pollution Rule,CSAPR)替代 CAIR,将污染控制区域拓展到美国东部 27 州和哥伦比亚特区,旨在尽快帮助下风向各州实现空气质量达标。

美国东北部地区在 OTC 框架下自愿形成的 $NO_x$ 排放交易体系是一项成功的区域间大气污染防治协作。EPA 与各州政府的有效合作减少了 $NO_x$ 限额交易体系的实施阻力。在 OTC 和 $NO_x$ 限额交易体系中,EPA 很好地通过确立总体减排目标、明确监测标准和报告内容等关键因素来掌控全局。州政府则负责根据特定情况调节州实施计划内容并完成 EPA 所分配的减排任务。

灵活的排污权交易体制同样也需要强制性的法律、法规约束。在利益取向相同的情况下,自愿的排污交易协议将是最高效的减排方式。当区域内不同主体间的减排意愿相差较大时,自愿排污交易协议则极大地增加了区域合作的难度,此时,强制性的法律约束则是保证排污权交易体系正常运行的重要前提条件。$NO_x$ SIP Call 在实施初期就遭到部分州和一些行业组织的反对。EPA 通过获取美国最高法院的支持,确定了政策实施的法律支撑,才能顺利推行该政策。

此外,简单易操作的排污交易计划往往比复杂的政策设计更容易取得成效。在 $NO_x$ 排污权交易过程中,EPA 为增加交易的灵活性,还设置了很多额外的交易规则,例如自愿参加规则、排污权储备规则和合规补充池规则等。但在实际的操作过程中,这些交易规则并没有达到预期的效果,反而增加了政策的复杂性,给

EPA 和各州政府产生了很多数据追踪和管理上的负担。经过一段时间的实践后,EPA 发现越是简单的交易体系往往越高效[11]。

### 三、美-加-墨跨界大气环境管理(NAAEC)

20 世纪 70 年代,美国、加拿大和墨西哥三国开始关注日益严重的跨界环境污染问题,特别是酸雨污染。1991 年美、加、墨三国在北美自由贸易区谈判阶段就将环境问题列入谈判内容。1993年,三国签订了《北美环境合作协定》(North American Agreement on Environmental Cooperation,NAAEC),旨在通过加强环境合作、避免由环境问题产生的贸易争端,促进区域环境改善。

为保障目标的实现,北美自由贸易区成立了环境合作委员会(Commission for Environmental Cooperation, CEC),包含理事会、秘书处和联合公众咨询委员会三个部门[14]。理事会是 CEC 的核心监管机构,由三国的部长级代表组成,至少每年召开一次例会,商讨各类与经济贸易有关的环境事务,并制定为期三年的环境合作工作计划;秘书处具体负责实施 CEC 的年度工作计划,并向理事会提供具体的管理和技术支持;联合公众咨询委员会由来自三国的 15 名环境界和工商界代表组成,对理事会提供专业咨询服务,并促进环境保护的公众参与。在跨界大气污染管理方面,CEC 通过合作协议推动北美自由贸易区内的大气污染协作治理,联合开发和应用能提高自贸区环境空气质量的技术和政策工具,共同解决跨界大气污染争端[6]。

信息公开和公众参与是北美自由贸易区环境合作机制最显著的特征[6]。每年举行的 CEC 部长级理事会中,至少有一次必须向公众开放。CEC 也会定期组织三国环境部长与公众直接对话,并将理事会的所有决定向公众公开。此外,作为促进环境保护公众参与的主要机构,CEC 的联合公众咨询委员会每年也会就各类环境议题开展公众咨询。

### 四、美国 SO$_2$ 排放权交易体系

早在 20 世纪 70 年代到 90 年代，美国就开始实施排污权交易计划，包括 4 项独立的政策：补偿政策（Offset Policy）、气泡政策（Bubble Policy）、银行储存政策（Banking Policy）和容量节余政策（Netting Policy）。这四项政策由减排信用（Emission Reduction Credit，ERC）连接[15]。当排污单位将污染排放量控制在法定排放量以下时，排污单位就可以向环保机构申请将超额治理的减排量转化为排污减排信用 ERC。ERC 在各污染源之间可通过上述四项政策以"货币"的形式进行流通。

1976 年 12 月，EPA 颁布《排污补偿解释条款》，引入补偿政策对空气质量未达标区进行污染物总量控制。补偿政策要求各"未达标区"的新污染源必须从该地区其他排污单位购买 ERC，通过其他污染源的超额减排来补偿新污染源的排污增量。除了新旧污染源之间的排污交易外，1979 年 12 月，EPA 开始试点气泡政策，利用 ERC 在不同边际减排成本的企业之间的流通实现减排成本最小化。气泡政策以某一特定区域（即"气泡"）为具体的考核单元。气泡政策中属于一个气泡中的排污单位可以在保持或减少总排污量的情况下，通过加大治理低减排成本污染源的方式来替代对高减排成本污染源的治理。随着政策的发展，气泡政策的区域单位也不断扩大[16]。

银行储备政策指企业可将其结余排污量储存在指定的"银行"内，以备日后扩大生产或出售给其他排污者使用。通过确保富余 ERC 的价值，银行储备政策保障了企业超量减排的积极性。为避免储备过量 ERC 给排污交易体系带来的不确定性，EPA 对 ERC 的法律地位和使用期限进行了限制。

1980 年，EPA 启动容量结余政策，允许排污总量无明显增加的排污单元在进行改、扩建时免于承担新污染源所需要的审查举证等行政负担[17]。该政策通过减少行政审批程序对经济活动的

过多干预,为企业避免了繁杂的排污权申请程序,提高了企业减排的积极性。容量结余政策也是排污权交易计划的四项政策中应用最广泛、节约成本最多的一项。

美国的 $SO_2$ 排污权交易计划展示了排污交易政策在大气污染防治中的可行性和巨大潜力。这四项政策在控制 $SO_2$ 排放量,降低空气污染的同时节约了 50—120 亿美元的减排成本[18]。1982年 4 月,EPA 颁布《排污权交易政策报告》,将上述的四项政策合并为统一的排污权交易政策体系,并允许各州建立排污权交易系统。

为了减少酸雨污染,EPA 在 1990 年颁布的《清洁空气法案修正案》(Clean Air Act Amendments,CAAA)中,对电力行业 $SO_2$ 和 $NO_x$ 的减排量提出了具体的要求,并明确指出完全通过排污权交易来实现大气污染物减排。这也是美国首次在公共政策领域大规模采用排污交易政策来实现污染减排的目标。

酸雨计划分为两个阶段。第一阶段(1995—1999 年)的参加单位为 1990 年《清洁空气法案修正案》列表中 263 个发电规模100 MW 以上的污染严重电厂,发电总量为 88 GW。另外,受相关条款的影响,原属于第二阶段的 182 家电厂也提前进入第一阶段削减电厂的行列,总计包含了美国全国 47％以上的发电能力。第二阶段的参加单位则包含了所有发电规模在 25 MW 以上的电厂。2006 年,酸雨计划共覆盖了美国 3 550 座发电厂[19]。

在酸雨计划中,$SO_2$ 排污交易体系的大致流程包括总量确定、排污权分配、交易和最终审核四个阶段(见图 2-1)。政府为每一个参加计划的污染源分配一定的排污配额,并将其以排污许可的形式存储在 EPA 为每一个排污单位设置的账户中。各污染源所持有的排污许可量为其在一个交易周期内允许排放的最大排污量。企业可全面衡量减排与排污许可交易的成本和收益,并根据各自需求在排污交易市场中自由地进行排污权买卖。为实现减排,酸雨计划实施每年递减的 $SO_2$ 排放总量控制目标[18]。

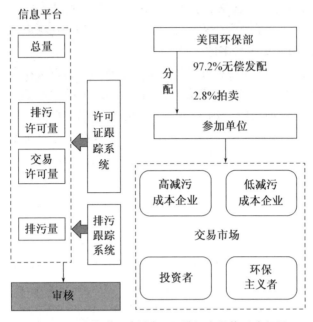

**图 2－1　美国酸雨计划中 SO$_2$ 排污交易体系流程图**

在排污权的初始分配阶段，EPA 在确定排污总量后会将部分排污权以容量储备的形式储存，剩下的以无偿或有偿拍卖的方式分配给排污企业。酸雨计划中的排污交易主体除排污企业以外，还包括投资者和环保主义者。投资者通过类似股票交易"低买高卖"的方式从排污权交易中获利。环保主义者则通过购入并储存许可证的方式减少市场上流通的排污许可总量，提高环境空气质量。

EPA 通过由排污追踪系统和许可证追踪系统组成的信息平台来记录交易体系中相关信息。排污追踪系统的信息由各污染源的自动连续监测装置提供，包括 SO$_2$ 和 NO$_x$ 的浓度检测、流量计和计算机数据采集与处理系统等。所有参加单位的监测装置必须处于连续运作状态，每隔 15 分钟（或更短）进行一次采样、分析和记录，从而保证数据的充足性。EPA 还要求各单位每周对其进行一次误差检验以保证数据的可靠性。同时,各排污单位还需要通过实施质量控制计划来保障数据的可靠性。排污追踪系统的实施为政府执法提供了切实可靠的数据支撑。

许可证追踪系统是 EPA 官方唯一的排污许可证签发、交易和达标审核的记录系统。该系统追踪以下许可证信息:所有发行的许可证、各账户持有的许可证、各种储备许可证以及各账户间的许可证交易等。该系统为 EPA 判断各参加单位是否达标排放提供有效的信息支持。同时,许可证追踪系统还为排污交易市场提供了许可证持有者和许可证交易等信息[20]。

在交易过程中,有效的排污交易信息平台极大地提高了各排污企业间的交易效率(见图 2-2)。在排污交易体系的运行过程中,企业可通过信息平台自由地获取交易对象的数据,并结合多方面因素进行评估、选择。环保主义者可通过交易平台购买排污配额,从而减少企业可获得的排污许可总量。交易平台大大减轻了EPA 的工作负担,几乎 98% 以上的交易活动都可以由参与者在网上完成。此外,信息平台中排污信息公开也为公众监督企业减排提供了必要的工具。

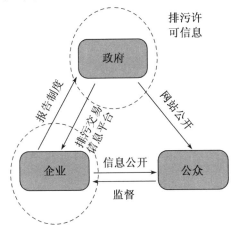

图 2-2 美国 SO₂ 排污交易信息平台

履约期结束后,EPA 会核查每一个污染源的合规情况。若企业所持有的排污许可量不足以抵消其污染排放量,则需接受罚款等惩罚。EPA 将惩罚额度从 1990 年的 2 000 美元每吨上调为 1997 年的 2 525 美元每吨。超标量还需从 EPA 新一年分配的排污许可中扣除。酸雨计划中,美国 $SO_2$ 排污总量控制的完成率高达 99%。1998 年,美国 $SO_2$ 实际排放量为 530 万吨,仅为当年发放排污许可量的 76%[18]。

为更有效地解决上风向州对下风向州的影响,2010 年 EPA 颁布《跨州空气污染规则》(The Cross-State Air Pollution Rule, CSAPR),将 $SO_2$ 交易区域分为东部 16 州和东部周边 7 州两个子区域。两个子区域之间禁止进行 $SO_2$ 排污交易。CSAPR 利用最新的大气扩散模型重新核定各州的排污影响,为各州的排放量设置了最高上限,并向各排污单位重新分配排污配额,通过强化上风向州的减排义务来减缓下风向州所受到的影响。子交易区域中的各州可以在州际开展排污权交易,但各州在履约期内的排污总量不能超过其排放上限。一旦超过,则需按超出量的两倍从排污许可账户内扣除。上限的设置和区域间排污交易的限制保证了各州的经济活动不会对相邻州的空气质量产生过多影响,避免了因排污交易市场过度灵活而导致的污染转移问题。此外,CSAPR 新增加了 640 万吨的 $SO_2$ 年减排目标,并设置了更加严格的惩罚措施。每超排一吨,将按 1:3 的比例从第二年分配的排污许可中扣除。此外,超排部分的罚款不再是酸雨计划中的固定金额,而是按照违规天数计罚。巨大的违规压力使企业不再完全依赖排污交易市场,开始将达标途径转向内部减排。

自 1976 年 EPA 将排污权交易计划引入到污染物减排政策中,美国的排污权交易体系已经历了 40 多年的发展历程,以成本有效的方式实现了 $SO_2$ 减排的预定目标。美国 $SO_2$ 排污交易体系有以下几点经验值得我国借鉴:(1) 政策设计需要将污染物的区域间传输问题纳入考虑范围;(2) 有效协调排污权交易体系与其他政策将减少政策推行过程中的阻碍;(3)明确且递减的总量目标设置是确保排污交易体系稳定运行的重要基础;(4)合理、科学的惩罚力度才能为政策的推行提供保障;(5)优质的排污和许可数据信息对政策的设计与实施十分重要。

## 第二节 欧盟的区域空气质量管理

欧盟是全球区域环境治理的先行者,在跨界大气污染治理方面已形成了完整的治理体系。早在1979年,欧洲各国为了控制、削减和防止跨界空气污染就签订了全球首部区域性国际环境公约——《长程越界空气污染公约》(Convention on Long-Range Transboundary Air Pollution,CLRTAP)。随着欧洲一体化进程的加速,欧盟的区域大气污染联防联控逐步从欧共体时代缺乏强制法律约束力的行动计划转向强制性的欧盟指令。欧盟的区域空气质量管理机制主要包含基于国际公约的横向协作和基于欧盟指令的纵向行政手段[5]。

### 一、欧洲跨界大气污染公约体系

为了共同解决欧盟严峻的酸雨问题,1979年11月,欧洲34个国家和欧共体在日内瓦签署了《长程越界空气污染公约》,确立了欧洲各国共同开展大气污染治理的目标和行动框架。该公约于1983年3月6日生效,旨在减少$SO_2$、$NO_x$、VOCs和臭氧的排放,为欧洲各国政府间的大气污染联防联控提供了一个正式的合作框架。基于CLRTAP,各缔约国又陆续针对$NO_x$、VOCs、持久性有机污染物和重金属等具体污染物的减排目标和减排措施签订了八项议定书,共同构成了一个以CLRTAP为核心的跨界大气污染防治公约体系(见表2-1)。CLRTAP理事会也根据环境治理的需求对议定书进行了多次修订。2012年5月,理事会分别对《关于重金属的奥胡斯议定书》和《哥德堡议定书》进行修订,将$PM_{2.5}$

和黑炭纳入减排承诺,并确定了 2020 年欧洲各国的排放限值。

表 2-1  欧盟跨界大气污染防治公约体系[21]

| 签订时间 | 议定书名称 | 生效时间 | 主要内容 |
|---|---|---|---|
| 1979 年 | 《长程越界空气污染公约》 | 1983/3/6 | 全球首个针对区域跨界大气污染问题的具有法律效力的文书 |
| 1984 年 | 《欧洲大气污染物远距离传输监测和评价合作方案长期融资议定书》 | 1988/1/28 | 对欧洲跨界大气污染监测计划实施的资金来源进行规划 |
| 1985 年 | 《关于减少硫排放的赫尔辛基议定书》 | 1987/9/2 | 要求缔约国务必在 1993 年前将 $SO_2$ 排放量至少降低 30% |
| 1988 年 | 《关于控制氮氧化物的索菲亚议定书》 | 1991/2/14 | 对成员国提出 $NO_x$ 防治和减排的明确目标,在 1994 年前严格控制 $NO_x$ 排放量 |
| 1991 年 | 《关于控制挥发性有机物的日内瓦议定书》 | 1997/9/29 | 要求缔约方到 1999 年将 VOCs 排放量在 1988 年基础上降低 30% |
| 1994 年 | 《进一步减少硫排放的奥斯陆议定书》 | 1998/8/5 | 为硫排放设置了具体的国家最高排放限额,并要求以最低成本实现 |
| 1998 年 | 《关于重金属的奥胡斯议定书》 | 1998/10/23 | 把防治汞、铅和镉的污染作为重点,要求所有协议国将其排放量下降至 1990 年的水平 |
| 1998 年 | 《关于持久性有机污染物的奥胡斯议定书》 | 2003/12/29 | 要求所有缔约国明令禁止 16 种持久性有机污染物的使用 |
| 1999 年 | 《关于减少酸化、富营养化和地面臭氧的哥德堡议定书》 | 2005/5/17 | 承诺要在 2010 年之前在原来目标基础上将 $SO_2$ 排放减少 63%,并对氨气、氮氧化物和非甲烷挥发性有机化合物也提出了明确的减排目标 |

作为欧洲跨界大气污染治理的核心机制,CLRTAP 从签订之初就是将科学技术与政策实施相结合的典范。1977 年联合国欧洲经济委员会就启动了"欧洲大气污染物远距离传输监测和评价合作方案"(The Cooperative programme for monitoring and evaluation of the long-range transmission of air pollutants in Europe,也 称 为 " European Monitoring and Evaluation Programme",简称 EMEP)的科学研究项目,为欧洲各国提供跨界大气污染的监测和评估信息。在 EMEP 科学研究的基础上,欧洲各国签订了全球首部针对跨界大气污染的区域性公约——CLRTAP。1980 年 CLRTAP 成立了污染影响评估工作组,分析主要污染物对人体健康和环境的影响。专业的监测和评估机构为 CLRTAP 和后续议定书的签订与实施提供了强有力的科学支撑。目前 EMEP 包含污染物排放清单与预测、化学品协调、测量与建模和综合评估模型等 5 个中心和 4 个工作组,可集成"排放—监测—模型—评估—对策"的全过程分析,为欧洲区域空气质量管理的政策制定提供科学认知基础[21]。

欧洲跨界大气污染治理公约体系以 CLRTAP 为核心,不断拓展治理领域和政策边界。区域大气污染的空间外部性使科学共识成为欧洲大气污染防治区域协作的基础。作为具有良好公信力的科学决策支持体系,EMEP 为欧洲跨界大气污染防治提供了科学依据,并给出最具有成本—效益的理想政策措施,使欧洲各国在区域大气联防联控的协商与合作中有共同的着力点。

**二、基于欧盟指令推进区域大气污染联防联控**

作为当前一体化程度最高的区域性组织,欧盟具有独特的一体化环境政策体系。自 1973 年《欧共体第一个环境行动计划》(1973—1976 年)以来,欧共体及欧盟已经制定了七份环境行动计划,推动了欧洲环境政策的一体化进程。其中,2001 年制定的第六期环境行动计划(2002—2012 年)明确要求欧盟制定保障区域空气质量的实施战略[22]。欧盟通过制定条约、计划、指令和决定等各项法律法规来落实欧盟环境行动计划中的环境目标。

21 世纪后,欧盟的大气污染联防联控开始侧重于具有法律约束力的条约、指令和计划等各项法律法规。一方面,欧盟通过立法持续收严环境空气质量标准和污染物排放标准。另一方面,欧盟同步设置具体的污染物排放总量控制目标和特定领域的污染减排目标。自 1999 年首次颁布要求各成员国强制执行的空气质量标准指令以来,欧盟已经四次修订了空气质量标准指令。最新的 2008 年《欧洲环境空气质量标准及清洁空气指令》(Directive on Ambient Air Quality and Cleaner Air for Europe,2008/50/EC)对上一版空气质量指令中九种污染物的环境标准值进行修订,规定 $PM_{2.5}$ 的年均浓度限值为 25 微克/立方米,并要求 2020 年各成员国的 $PM_{2.5}$ 浓度在 2010 年基础上降低 20%。该指令还在监测点位设置、污染物监测方法、空气质量评价、监测信息交换和空气质量报告等方面对区域空气质量监测进行规范,建立了完善的区域空气质量监测、评估与信息公开体系[23]。当发生重大跨界空气污染时,2008/50/EC 指令规定各成员国应通力合作,制定联合行动计划将污染物浓度控制在安全阈值内。

2001 年,欧盟颁布《国家排放限值指令》(National Emission Ceilings Directive,2001/81/EC),对 $SO_2$、$NO_x$、VOCs 和氨四种污染物进行总量控制,并设置了 2010 年的排放总量限值。2010 年,欧盟必须将 $SO_2$、$NO_x$、VOCs 和氨的排放总量分别控制在 829.7、900.3、884.8 和 429.4 万吨[24]。各类污染物的排放限值也被分配到各欧盟成员国。欧盟成员国可自行决定采取何种污染减排政策和措施来实现排放限值指令。排放限值指令还对欧盟各国的污染物排放名录、中期环境目标和具体控制方案等做了规定,并通过制定相应的核查制度来定量评估减排效果。

为落实第六期欧盟环境行动计划,2001 年 5 月,欧盟委员会提出"欧洲洁净空气计划"(Clean Air for Europe,CAFE),制定了欧盟地区 2000 年至 2020 年主要污染物的减排目标。CAFE 计划预期通过一系列区域一体化的减排措施使 2020 年欧盟地区 $SO_2$、$NO_x$、VOCs、氨和 $PM_{2.5}$ 的排放量分别比 2010 年减少 82％、60％、51％、27％和 59％。CAFE 计划通过大气模型模拟现有污染排放控制措施对未来的影响，预测 2020 年欧洲主要污染物排放量及空气质量的变化，更科学地指导欧盟区域空气质量管理[25]。

在固定源大气污染减排方面，欧盟通过了包括《大型燃煤企业大气污染物排放限制指令》（2001/80/EC）、《废弃物焚烧指令》（2000/76/EC）和《综合污染与控制指令》（2008/1/EC）在内的系列欧盟指令[26]。在移动源大气污染防控方面，欧盟在燃料质量、机动车排放标准、油品储存与运输以及可持续的公共交通体系等方面建立了综合性的污染管控指令体系。

2013 年，欧盟制定了清洁空气一揽子计划"欧洲清洁空气规划"（Clean Air Programme for Europe，CAPFE），为六种主要污染物设置了更严格的排放上限，并制定了 2020 年和 2030 年欧洲空气质量的两个阶段性目标，旨在到 2030 年在 2005 年的基础上减少一半因空气污染带来的健康影响[27]。为实现 CAPFE 设定的 2030 年欧洲空气质量目标，2016 年 12 月欧盟颁布《关于特定大气污染物国家减排指令》（2016/2284/EU），对 $SO_2$、$NO_x$、VOCs、氨和 $PM_{2.5}$ 设定了更严格的总量减排目标[21]。

欧盟通过众多法律规范搭建起了一个结构合理、统筹协调的区域大气污染防治法律体系。欧盟指令对其成员国具有法律约束力。成员国需要通过国家立法或修订已有立法的方式在规定期限内将上述欧盟指令转化为国内的法律规范[28]。在指令构建和实施过程中，欧盟委员会承担了主要的管理职责，有权对成员国任何直接违反欧盟指令的行为或以某种借口不履行义务的情况进行调查，并就违法事项向欧洲法院进行起诉。欧洲法院会受理成员国涉及区域空气污染的纠纷并做出裁决。欧盟还成立了"环境空气质量委员会"来专门协助欧盟委员会监督各成员国。欧洲环境局也通过开展空气质量和污染源监测、分析和评估空气质量等来帮助欧盟和各成员国利用大气环境信息采取适当减排措施[5]。

### 三、欧盟的碳排放交易体系

为减缓气候变化,2003 年欧盟颁布《建立欧盟温室气体排放配额交易机制的指令》(2003/87/EC,简称《2003 碳交易指令》),帮助各成员国履行《京都议定书》的减排义务,实现欧盟从 2008 年到 2012 年温室气体年平均排放量比 1990 年下降 8%的第一阶段减排目标。

欧盟碳排放交易体系(European Union Emissions Trading System,EU ETS)旨在利用最具经济效益的市场方法降低温室气体排放量。EU ETS 的排污总量由各欧盟成员国先确定各自排放总量后汇总而成。在此过程中,欧盟委员会指导各成员国制定"国家分配计划"(National Allocation Plans,NAPs)。各国政府按现有的排放状况综合考虑减排潜力等因素,将碳排放配额以欧盟碳许可排放权(Eurpoean Union Allowance,EUA)的形式分配给各排污企业。欧盟委员会通过评估和审批各国的 NAPs 来明确各成员国的排放配额(见图 2 - 3)。若成员国的 NAPs 没有通过欧盟委员会的审批,则需要持续修改至通过。分权化的总量设定和配额分配制度设计使各成员国拥有较大的自由裁量权,容易获得成员国对 EU ETS 的支持[29]。

在 EU ETS 的第一阶段,各国的 NAPs 以无偿分配为主要方式,占比超过 95%[30]。随着碳排放交易体系的发展,通过拍卖的有偿分配比例正在不断增加,逐渐成为各成员国排污权分配的主要形式(见图 2 - 3)。除欧盟的内部交易外,排污企业还可以根据《连接指令(Linking Directive)》通过清洁发展机制(Clean Development Mechanism,CDM)或联合履约机制(Joint Implementation,JI)来获得减排信用,即核证减排量(Certified Emission Reductions,CERs)。《连接指令》将 EU ETS 与《京都

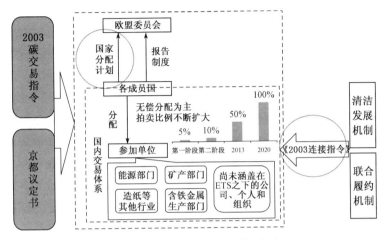

图 2-3　欧盟碳排放交易体系框架

议定书》下的灵活履约机制衔接,扩大了各成员国的履约空间。在 EU ETS 实施的第一阶段,CERs 的使用比例由各成员国自行规定。在第二阶段,欧盟的 CERs 使用比例不能超过排放总量的 6%,否则欧盟委员会将自动审查各成员国的 NAPs[31]。

在 EU ETS 的运行过程中,每年年末各排污单位必须扣除与排污量相等的排污许可,剩余的可用于交易与储备。若排污量多于许可量,则需要交付罚款,并从第二年的排污许可中扣除。EU ETS 罚款金额从最初的 40 欧元每吨增长到 2008 年的 100 欧元每吨,远超过 14 欧元每吨的交易价格[31]。此外,各成员国还需要通过报告机制定期向欧盟委员会承诺减排目标,汇报减排成果。

《2003 碳交易指令》将 EU ETS 的第一阶段(2005 年 1 月到 2007 年 12 月)定义为试验摸索期,旨在增强碳排放交易的基础设施建设,为第二阶段正式履行《京都议定书》奠定基础[31]。第一阶段 EU ETS 将欧盟 25 个国家中 11000 个排污设施涵盖在内,占欧盟 50% 的二氧化碳排放量、30% 的温室气体排放量。具体涵盖的碳排放源主要包括以下四类:1) 能源部门:热产值在 20MW 以上的燃烧设备、炼油厂和炼焦炉;2)黑色金属加工部门:包括铁矿石、生铁、钢在内的黑色金属加工冶炼部门;3)非金属矿产部门:包括水泥、玻璃和陶瓷制品;4)包括造纸业在内的其他行业[32]。另外,除了上述规定单位外,那些尚未涵盖在 EU ETS 之下的公司、个人和组织也可以自由买卖排放配额。

EU ETS 的第二阶段是《京都议定书》的履约期(2008 年 1 月到 2012 年 12 月)。经过第一阶段的经验积累,EU ETS 设置了在 2005 年基础上减少 6.5% 排放量的阶段性减排目标,增加了 $NO_x$ 交易,将排放限制范围也扩大到包含 $SO_2$ 和氟氯烷等其他温室气体。此外,EU ETS 在此阶段还将冰岛、挪威和列支敦士登囊括在内。

自 2005 年成立之日起,EU ETS 无论从规模还是重要性都是世界上最大的碳交易市场,在很大程度上刺激了全球范围内温室气体排放交易体系的发展。EU ETS 在第一阶段就使欧盟的温室气体排放量减少了 2%—5%[33]。但是,EU ETS 也面临了很多挑战。经济危机使 EU ETS 第二期的总量预估过高。2008 年和 2009 年发生的内幕交易和市场操纵等欺诈行为使 EU ETS 声誉遭受重创。此外,补偿配额的过度使用也使整个交易体系的总量过度宽松。这一系列问题都严重影响了 EU ETS 第二阶段的正常运行,进而造成碳交易价格崩盘的尴尬局面。2013 年,每吨二氧化碳的交易价格已跌至 5 欧元以下[33]。无论从短期还是长期影响来看,EU ETS 在第一和第二阶段都没有发挥所有潜力,给碳排放交易体系内的企业提供应有的减排刺激。造成这种结果的主要原因如下:

首先,EU ETS 的总量控制权不够集中。分权式的 NAPs 总量控制模式极易造成配额总量过多的问题。各成员国通常会从自身利益出发,最大化本国的排放配额总量,从而造成欧盟总体排放配额的过剩。在第一阶段,EU ETS 就出现了总体配额分配过量、减排约束宽松的问题。配额供给过剩会导致配额价格持续低迷,减少企业投资低碳技术的意愿,最终影响减排效果,削弱整个交易系统的动态效率。由于第一阶段是试验期,一些研究将总量宽松问题解释为数据缺失和因经济危机而造成的预测失误[34]。然而,各成员国初次递交第二期 NAPs 中申请的配额总量比 2005 年经核证的排放量还多 5%。复杂而漫长的 NAPs 审批过程既增加了市场的不可预见性,也给成员国和欧盟委员会造成了沉重的行政负担[35]。虽然欧盟委员会最终成功砍掉了 10% 的第二期配额申请量,在一定程度上保证了配额的稀缺性,却遭到一些成员国的强烈反对。

其次,EU ETS 的交易体系过度开放。除了宽松的 NAPs 总量控制模式外,来自其他排放交易机制的大量补偿信用也使欧盟的碳交易市场难以维持稳态。在成立之初,除了来自核设施、土地利用变化以及林业活动的减排信用外,EU ETS 接受所有来自 CDM 和 JI 机制的减排信用[32]。2008 年,EU ETS 大约使用了 8 000 万份的补偿信用[36]。对于碳排放交易市场而言,真正的排放总量是该体系所设置的总量加上该时期内所使用的补偿信用量。欧盟委员会在抵消政策上的过度开放使 EU ETS 对参与者的限制变得模糊不清,从而减弱其对整个交易体系减排效益的把控能力。在意识到补偿制度对 EU ETS 的影响之后,2010 年欧委会对补偿信用的使用设置了严格的限制,并从第三阶段开始实施。

2013 年,EU ETS 进入第三阶段(2013 年 1 月到 2020 年 12 月),计划在 2005 年排放总量的基础上减排 21%,并将航空、化工和电解铝三个行业纳入覆盖范围。在第三阶段,EU ETS 在前两阶段经验教训的基础上进行了全面改革。改革的核心是取消各成员国自行制定 NAPs 的模式,转而直接设定欧盟层面单一的总量目标,并大幅提高拍卖在配额分配中的比例。此外,免费配额的分配方式也从"历史排放法"过渡"行业基线法",并对现有企业和新增企业一视同仁,更好地为企业提高生态效率提供激励[①]。第三阶段的改革和完善使整个 EU ETS 体系更加统一,增加了市场的稳定性[29]。

  EU ETS 是当前全球覆盖排放规模最大、流动性最强、影响力最大的温室气体市场减排机制。自成立以来,EU ETS 所覆盖的国家、行业和企业范围不断扩大,配额管理和交易规则等管理体系不断成熟。EU ETS 不断改进和完善的经验和教训对世界各国碳排放交易体系的建立和完善具有重要的借鉴意义。

---

  ① "历史排放法"是根据排污企业历史排放量占区域总排放量的比例来决定其未来能分配到排污配额的比例。"行业基线法"是以能代表某行业一定比例效率最优企业的平均生产效率为基准,以各排污企业的历史产出为调整系数,预测企业能被分配的免费配额。

# 第三章

# 长三角区域大气点源管理协作

## 第一节 长三角大气点源管理现状

近年来，我国快速的工业化和城镇化过程伴随大规模的能源消耗和污染物排放，各类环境问题持续积累、集中爆发。随着居民收入水平的提高以及网络、媒体等信息传播渠道便捷化，居民对环境质量的需求及改善速度的期待正迅速提升。与健康密切相关的大气污染问题已成为我国公众近年来关注的热点[37]。多方面的污染减排压力使我国环境保护形势愈加复杂严峻，持续推动我国环境保护战略从污染物总量控制向以环境质量改善为目标导向的管理模式转变[38]。

纵观我国 40 多年来环境管理变迁，环境管理制度由无到有，在管理对象、管理手段和管理范围三个维度均发生重要转变[39]。"十一五"期间，我国开始进入以总量控制带动质量改善的环境管理阶段。国家将总量控制作为社会经济发展规划的关键性约束指标，强化总量减排目标考核，倒逼高污染、高能耗行业的结构调整。总量减排在遏制污染排放等方面起到了决定性作用，成效显著。作为主要的环境管理措施，总量控制管理在目标制定过程中过于强调"淡化基数、算清增量、核实减量"的核算原则，没有在污染物排放与地区环境承载力之间建立响应关系[37]。由于区域的总量目标并未与环境容量直接挂钩，即使各级政府完成了年度总量控制目标,区域环境质量仍不能满足居民日益增长的环境需求[40]。

随着雾霾等重污染事件的集中爆发,近年来环境质量改善已成为社会公众的迫切需求。我国的环境保护开始以质量改善目标倒逼污染减排。大气、水和土壤的三大污染防治行动计划和《"十三五"生态环境保护规划》都提出了改善环境质量的具体目标。"十三五"期间我国环境管理战略的重心已经从总量控制向环境质量改善转变,强调污染物总量控制和环境质量改善协同管理[41]。

长三角地区是我国东部沿海经济最发达、人口密度最高的地区。聚集的产业链、密集的交通网络及其伴随的大量化石能源燃烧给长三角区域的大气环境带来巨大压力。长三角的大气污染已出现区域性、压缩型和复合型的特征,呈现局地污染和区域污染相叠加、多种污染物相耦合的态势。在秋冬季节不利的气象条件作用下,长三角区域灰霾污染事件频发。

面对严峻的大气污染问题,长三角三省一市根据国家环保战略转型的需求,大力落实大气污染防治行动计划,不断探索构建以环境质量改善为核心的管理体系。目前我国的区域环保战略转型仍然困难重重:碎片化的固定源管理体系增加了环境质量管理的执行成本,难以满足点源污染全过程管理的各项需求;以政府管制为主的管理模式使政府有限的环境监管能力难以满足庞大的污染源精细化管理需求;属地化的环境管理体制也难以实现区域空气质量的高效管理。

## 一、碎片化的点源管理制度需要协调整合

随着我国环境管理体系不断改革,以固定点源为重点管控对象的大气污染防治体系逐渐完善。目前,我国的大气点源管理已形成以《环境保护法》《大气污染防治法》等法律法规为法律基础,以环境影响评价、"三同时"、环保税、排污许可证、污染源限期治理等八项基本制度为框架的环境管理制度体系[42]。图 3-1 从"事前—事中—事后"三方面系统梳理了我国大气点源管理政策体系。

"事前"准入制度主要作用于项目的筹备期、建设期和试运营期。"三同时"、环境影响评价和总量控制等事前管理制度需综合考虑环境承载力、污染治理技术水平和环境质量需求等多方面因素,对点源的污染排放量、排放浓度和污染防治措施做出详细规定,为点源在排污前设置准入门槛。在"事中"的正式运营期中,事中监管制度通过企业的自行监测和管理部门的执法检查,收集和分析污染源的排污信息,为管理部门提供执法依据。此外,环保税和排污权交易等环境经济制度也为污染企业改善其环境行为提供经济激励。事后管理制度通过法律手段对污染者的违法行为给予必要的纠正和惩罚。由于各项政策自身的设计缺陷以及环保系统内部衔接不完善,现行的大气点源管理制度体系在实际运行中存在一定程度的管理脱节问题,形成了碎片化的制度边界,弱化了制度体系的整体效能[43]。

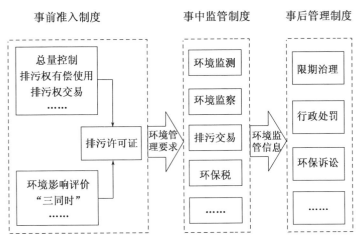

**图 3－1　"事前—事中—事后"的大气点源管理制度体系**

在管理结构上,当前我国仍缺少能够贯穿污染防治全过程的核心点源管理制度。现有的各项点源管理制度较为独立和分散,缺乏有效整合。环境影响评价和"三同时"制度作为新建项目建设、运营的许可,仅作用于项目筹备期和建设期。环境影响评价报告中的污染治理水平和污染物排放要求缺乏后续监管手段。事中监管环节的监管信息类型较多,缺少汇总、核查和整合,在应用到环保税、限期治理和排污权交易等制度中时也存在统一性低、时效性差等问题,难以形成动态化的精细管理。

在管理内容上,各项点源制度管理要求的协调性不足。虽然环境影响评价、"三同时"、排污许可证等多项制度对点源排放过程中的排放限值、排污设备和减排设备等都提出规范性要求,但各项管理要求仍较为分散,甚至存在相互矛盾的问题。以排放总量限值为例,由于各项制度的核算原则不同,总量控制制度分配给污染源的减排量无法有效衔接点源管理中的环境影响评价审批量和许可排放量,进而造成区域总量和企业排放量之间的脱节。此外,不同的数据核算方式使点源管理同时存在多套企业排放数据。多套数据的不一致性降低了环境监管信息的权威性,给环境管理带来混乱。

在管理方式上,各项点源管理制度的监管规定缺乏有效整合。以实际排放量的核定为例,排污申报、排污收费和环境统计等制度中的排污量核定周期、核定方法和责任部门等内容均不相同[44]。企业需要编制多份形式有别但核心内容相近的污染监测报告,既无法保障点源排污数据的质量,还极大增加了环保部门和企业的污染监管成本[45]。

## 二、政府管制为主的管理模式难以实现污染源精细化管理

自 20 世纪 70 年代开始,我国便实施以政府管制为主的点源管理模式[46]。政府可利用强制的行政权力规制排污行为、维护生态环境利益。随着社会经济的高速发展,环境污染形势愈加严峻,单方面依赖政府管制的点源治理模式暴露出很多问题。一方面,面对层出不穷的环境问题,以限制、禁止和惩戒等强制行为为主的环境管制模式过于被动,无法形成根本性的治理机制[47];其次,政

府管制中的行政、法律程序需要大量的人员、时间和财政投入,面对庞大的污染源体系,单纯依靠政府管控的污染源规制成本太高;第三,为应对复杂的环境管理对象,政府管理机构通常拥有一定的自由裁量权,但这也为行政执法机关的寻租行为提供了制度空间,导致行政管理的失效风险较大。

2015 年,我国有近 150 万个污染源,其中包括近 50 万个被纳入排污费征收范围的点源,但仅有 1.3 万个国控重点源实施连续在线监测管理。与此同时,我国仅有 7 万名左右直接参与点源现场监测检查的环保人员[48]。政府有限的环境监管能力与庞大的污染源数量之间的矛盾使我国点源环境管理的精细化水平不高。

面对污染源精细化管理的需求,我国点源环境管理体系亟须打破公私机构的界限,建立基于法治的多元共治模式[49]。2014年新修订的《环境保护法》为我国点源管理多元共治模式的形成提供了法制基础。新《环境保护法》在强调政府环境管理相关责任的基础上,还强调"政府对环境质量负责、企业承担主体责任、社会组织依法参与"的责任共担模式[50]。然而,环境管理模式的转变需伴随行政权力的转移与权力载体的完善。在将部分大气点源管理职能转移给企业和社会公众后,如何完善现有管理制度,为各主体管理职能的实现和衔接提供平台,也是长三角区域一体化环境管理亟须解决的问题。

### 三、属地化管理难以满足区域空气质量高效管理的需求

目前,我国已逐步建立起由全国人大立法监督,各级政府负责实施,生态环境保护行政主管部门统一监督管理,发改、住建、水利等各有关部门依照相关法律规定实施监督管理的环境保护监管体制[51]。环保监管体制在横向上由环保部门统一监管与各部门分工负责相结合,纵向上由中央集中监管与地方分级监督管理相结合。

我国现行的环境监管体制在管理过程中存在统筹不足等问

题,突出表现之一就是过度强调地方政府的主体责任。中央或区域层面对地方政府环境监管约束力的缺乏制约了地方环保部门部分职能的有效发挥。在属地化管理体制中,地方环保部门的人事权和财权都掌握在同级的政府和党委手中,上级环境保护部门作为专业指导和监督部门,难以对地方环保部门形成有效的监督和约束[52]。地方官员的短任期和环境治理的长期性之间的冲突使地方政府官员容易受"唯GDP论"政绩观影响,存在过度强调地方经济利益,弱化地方环境利益的现象。

以属地管理为主的环境管理体制难以适应区域性大气污染管理的需求。空气污染受气候等因素影响,难以衡量污染的边界,呈现明显的区域性特征和时空变化复杂性。长三角各省市间存在明显的跨区域污染传输特征,个别月份区域外传输量高达30%以上。地区分割、各自为政的属地管理模式也导致长三角各地在环境保护法规、标准、规划、监测、监管、考核等方面存在差异,难以应对跨界的环境污染。因此,长三角三省一市需要在区域层面制定环境质量改善目标,在准确掌握各地、各行业污染排放清单,了解区域传输模式的基础上,建立科学、合理的区域大气污染协同控制机制,统筹协调区域空气质量管理。

## 第二节 长三角大气排污许可制度的实施历程

排污许可制度是环境保护行政主管部门依法对各企事业单位的排污行为提出具体要求,并以书面形式确立下来,对企业排污行为和政府监管行为进行约束的规范化管理制度[53]。作为点源管理的核心政策,排污许可制度可以有效连接我国点源环境管理制度间"碎片化"的政策边界,解决当前我国环境保护战略转型所面临的问题[54]。排污许可制度也可通过明确企业排污规范,"明晰各方责任,强化监管,落实企业的诚信责任和守法主体责任,推动企业从被动治理转向主动防范"[55]。

### 一、我国排污许可制度的实施进展

我国自 20 世纪 80 年代起就开始引入排污许可制度，在一些城市开展试点。1987 年，原国家环保局发布《水污染物排放许可证管理暂行办法》，并于 1988 年在上海、北京、沈阳、湘潭等 17 个城市开始试点污染物排放许可证制度。随着试点工作的推进，排污许可制度逐渐被纳入我国水污染管理制度体系。1989 年，原国家环保局发布《水污染防治法实施细则》，规定对向水体排放污染物的企事业单位实行排污许可证管理。1989 年第三次全国环境保护会议将排污许可制度正式确立为我国环境保护的基本制度之一。

2000 年修订的《大气污染防治法》规定"对总量控制区内排放主要大气污染物的企事业单位实行许可证管理"，将排污许可制度初步纳入法律框架。2004 年，我国开始在唐山、沈阳、杭州、武汉、深圳和银川开展综合排污许可证的试点工作，尝试使排污许可证成为反映企业环境责、权、利的法律文书和凭证。排污许可制度从萌芽阶段转入地方试点阶段。2005 年 12 月，国务院发布《关于落实科学发展观加强环境保护的决定》，提出"要实施污染物总量控制制度……推行排污许可证制度，禁止无证或超总量排污"，推动排污许可制度进入基于总量控制的探索阶段。2007 年修订的《水污染防治法》明确规定"国家实施排污许可制度"，奠定了排污许可制度的法律地位。

在 30 多年的发展历程中，排污许可制度的立法工作进展缓慢。2008 年 1 月，原国家环保总局公布《排污许可证管理条例（征求意见稿）》，尝试推动排污许可制度的立法进程，但最终停留在征求意见稿阶段。众多地方层面的试点也未能为排污许可制度的有效实施提供法律支撑。由于法律支撑不足、制度设计定位不清和后续监管缺乏等原因，"十三五"以前排污许可制度在我国一直没有真正发挥效用[56]。

截至"十二五"末,我国已核发 24 万张排污许可证,并没有覆盖所有的固定污染源[57]。排污许可证内容单一,只载明浓度和总量等基本信息,不能充分发挥点源环境管理的核心作用,也未能适应当前环境质量改善的需求。排污许可制度并未与环境影响评价、"三同时"、排污收费等各项点源管理制度建立良好的衔接,其应用外延十分狭窄。由于缺少详尽的监管程序和技术规范,排污许可制度在执行过程中存在"重审批,轻监管"的问题。排污许可证对排污主体的约束力度明显不足,基层环保部门在环保执法中也很少将"排污单位是否持证排污"作为检查内容[57]。排污许可制度的实施常流于形式,未对污染源的排污行为发挥真正的管制效用。

"十三五"以来,排污许可制度在我国再次面临重塑与改革。2015 年实施的新《环境保护法》明确规定:"国家依照法律规定实行排污许可制度",正式确立了排污许可制度的法律地位。《生态文明体制改革总体方案》明确要求"完善污染物排放许可制,尽快在全国范围建立统一公平、覆盖所有固定污染源的企业排放许可制,依法核发排污许可证,排污者必须持证排污,禁止无证排污或不按许可证规定排污"。2015 年新修订的《大气污染防治法》也明确规定对排放工业废气或有毒有害大气污染物的企事业单位实施排污许可管理。随着我国环境管理战略转向以环境质量改善为核心,排污许可制度已成为我国点源管理制度体系的核心,并以此为载体推动环境管理体制的改革。

近年来,我国排污许可制度的改革方向为一证式全过程管理,即"以排污许可制度为核心,整合各项环境管理制度,建立统一的环境管理平台,实现排污企业在建设、生产和关闭等生命周期不同阶段的全过程管理"[55]。2016 年 11 月,环保部印发《控制污染物排放许可制实施方案》,要求率先在火电和造纸行业核发企业排污许可证,在 2017 年完成重点行业和产能过剩行业企业的排污许可证核发工作,并在 2020 年基本完成全国所有行业的排污许可证核发工作。

2017 年 1 月 1 日,原环保部开始运行全国排污许可证管理信息平台。2017 年 4 月,原环保部专门成立排污许可与总量控制办公室,将总量控制、排污许可和排污权交易三项职能综合到这一部门,推动排污许可制度改革。2017 年 5 月,原环保部印发《重点行业排污许可管理试点工作方案》,开始在 11 个省和 6 个市推进不同行业的排污许可管理试点。2017 年 7 月,原环保部发布《固定污染源排污许可分类管理名录(2017 年版)》,明确管理对象,要求在 2020 年前逐步将 78 个行业和 4 个通用工序纳入排污许可管理,对不同行业和同一行业的不同类型企事业单位按照污染物产生量和环境危害程度等因素进行分类管理。2017 年 11 月 6 日,原环保部审议通过《排污许可管理办法(试行)》,规范了企业承诺、自行监测、台账记录、执行报告和信息公开等排污许可证核发和管理程序,细化了环境监管部门、排污企业和第三方机构的法律责任。2017 年,原环保部共发布了十多个行业的排污许可技术规范,为强化证后管理提供技术支撑。截至 2017 年底,我国已完成了 15 个行业两万多张排污许可证的核发工作。

2018 年 2 月,生态环境部部长在全国环境保护工作会议上提出以"核发一个行业、清理一个行业、规范一个行业、达标排放一个行业"的思路,以排污许可制度为核心,分阶段、分行业的推动环境精细化管理对固定污染源的全覆盖。2018 年 9 月,生态环境部发布《排污许可制全面支撑打好污染防治攻坚战工作方案》,推动排污许可制度与总量控制制度的衔接。2018 年 11 月,生态环境部印发《排污许可管理条例(草案征求意见稿)》,不断完善排污许可制度的法律法规体系。

**二、长三角排污许可制度的实施进展**

作为我国经济最具活力、开放程度最高、创新能力最强的区域之一,长三角地区在我国现代化建设和生态文明制度体系改革中具有举足轻重的战略地位。作为排污许可制度的试点先行区,长三角的江浙沪地区在国家和地方相关规章制度引导下,依托不同的社会经济背景先后开展了排污许可制度的试点和全面推广工作。

1985年,上海市在黄浦江上游地区开展了我国最早的排污许可试点工作——水污染物排放许可管理,并于同年将排污许可纳入《上海市黄浦江上游水源保护条例》。1986年5月实施的《上海市环境保护条例》进一步指出对主要污染物实行排污许可制度。1987年,江苏省率先在常州市对水污染物实施排污许可证管理,并在1997年修订的《江苏省环境保护条例》中明确规定"实行排放污染物总量控制的排污单位必须执行排污许可证制度,其排污总量不得超过规定的限额"。"十五"期间,为落实《淮河和太湖流域排放重点水污染物许可证管理办法(试行)》,保障排污许可制度在江苏太湖流域各市的有效实施,江苏省连续出台包括《"十五"期间江苏省实行排污许可证制度工作方案》、《江苏省排放水污染物许可证制度工作验收办法》、《江苏省实行排污许可证制度工作考核办法(征求意见稿)》在内的多项规章制度,并将排污许可证管理纳入2010年发布的《江苏省长江水污染防治条例》和《江苏省太湖水污染防治条例》。浙江省排污许可制度的实施也采取了"先试点后全面推广"的模式。2004年,杭州市被列入全国综合排污许可证试点城市。2006年,浙江省发布《浙江省环境污染监督管理办法》,提出对主要污染物实行排污许可证管理制度。2008年,浙江省进一步将排污许可制度纳入地方法规——《浙江省水污染防治法》之中,并出台全国首部专门针对排污许可的地方立法——《杭州市污染物排放许可管理条例》[58]。

近年来,随着空气质量不断恶化,江浙沪两省一市进一步扩大排污许可的涵盖范围。许可证发放对象由最初的水污染物排放单位扩充到大气和水污染物排放单位。2010年7月实施的《浙江省排污许可证管理暂行办法》将大气污染物纳入排污许可证管理范围。上海市和江苏省也分别于 2014 年和 2015 年修订《上海市大气污染防治条例》和《江苏省大气污染防治条例》,明确对大气污染物排放实施排污许可管理。

为规范排污许可制度的实施,江浙沪两省一市陆续出台系列排污许可制度管理办法及配套实施细则。2010 年 5 月,浙江省率先出台《浙江省排污许可证管理暂行办法》,将许可证作为排污权的管理载体,并配套印发了具体的实施细则。2013 年,浙江省先后印发《浙江省环境保护厅排污许可证审查程序规定(试行)》和《浙江省主要污染物初始排污权核定和分配技术规范(试行)》,为制度实施中的许可量核定和审查提供技术支撑。江苏省和上海市也分别于 2011 年和 2012 年出台《江苏省排放水污染物许可证管理办法》和《上海市"十二五"主要污染物排放许可证核发和管理工作方案》,全面推动当地水污染物排放许可证的核发与管理工作。2014 年和 2015 年,上海市和江苏省先后出台《上海市主要污染物排放许可证管理办法》和《江苏省排污许可证发放管理办法(试行)》,从申请依据、要求、涵盖范围、法律责任等多方面对原管理办法进行系统更新。

除加强规范性规章制度建设外,江浙沪地区还通过完善技术、信息和管理等手段,强化污染源排放的监测、核算与监管能力。江浙沪地区积极探索"刷卡排污",对企业的污染物排放实施提前预警、远程关停等信息化管理。2011 年,江苏省江阴市、常熟市和昆山市等试点城市率先推行废水排放总量刷卡排污控制系统。环保部门根据排污许可证核定的排放量向企业发放排污 IC 卡。企业只有通过刷卡才能打开排污阀门进行排污。环保部门可通过远程监管实时监控排污量,对排放量接近和达到排污配额的企业实施预警和远程关停等控制措施。"刷卡排污"的试点倒逼企业通过清洁生产、提高排污效率等措施减少污染物排放量,或通过排污权交易来获得排污权指标[59]。

作为排污许可制度的重要试点地区,浙江省在 2015 年底已基本建立以排污许可证、排污权交易、排污权基本账户、刷卡排污和总量准入为核心的"五合一"总量管理平台[60]。浙江省以排污许可证为核心,试点各项点源环境管理制度的整合与流程再造。排污许可制度通过明确各市、县主要污染物年度增量指标、减量指标和年度减排目标,建立省、市、县三级排污权指标账户,并对各地排污权指标的收入、支出和结余进行量化管理。截至 2015 年 10 月,浙江省建成了 2100 套刷卡排污系统,其中,废水刷卡排污系统 1839 套,废气刷卡排污系统 261 套。浙江省也累计开展了 15833 笔排污权有偿使用和 6466 笔排污权交易[60]。

为保证排污许可证核发和管理工作的顺利开展,上海市先后制定并发布多项监管方案,并在市管企业和部分区县开展持证单位监测、监察、监管的"三监联动"试点。监测、监察、监管三部门以提高企业污染物达标排放率为目标,以监测数据为基础,以现场监察为重点,以严格执法为手段,构建"三监联动"平台[61]。2015年,上海市已建立重点污染源排污许可证的核发与证后监管系统,集成每个排污企业的排污许可信息、监测监管记录和执行报告,并对接国家排污许可证管理系统。2017 年,上海市开展了污染物排放口的信息化试点,通过对每一个排污口进行统一编码,并生成唯一的二维码,整合许可、监测和监察信息,将污染源监管落实到每一个排污口,通过"一套数据"实现"三监联动"管理,推动污染源精细化管理[62]。每个排污口的二维码标牌也推动了企业环境信息公开和环境保护公众参与。

为提高长三角地区点源污染的治理能力和管理水平,长三角三省一市亟须将排污许可制度作为区域大气点源污染协作治理的基础手段,进一步整合衔接各项点源环境管理制度,构建系统完整、权责清晰、监管有效的点源管理体系。江浙沪地区的试点大力推动了我国国家层面排污许可制度的改革。但是,当前在长三角实施区域一体化的排污许可制度还缺乏基础的区域协作条件。一方面,在我国目前"条块结合,以块为主"的属地管理模式下,各级政府对本地的大气污染防治工作负责。将排污许可制度作为区域大气污染治理的载体和监管对象,必然需要将各行政区的部分排污许可管理权上移至区域机构,与我国现行的属地化管理体制相悖;另一方面,长三角三省一市的经济社会条件存在明显差异,各地排污许可制度发展历程与管理要求也不尽相同。由于缺少区域层面统一的排污许可管理规范,区域排污许可管理难以实现统一规划、统一监管和统一考核。排污许可信息及污染源监管信息的共享难度很大,进一步降低了区域协作的可能性。

## 第三节 大气排污许可制度实施的国际经验

排污许可制度是美国进行固定源管理的基础手段。作为强制性的法律文书,排污许可证系统整合了污染物排放限值和相关法律法规要求,为政府执法、企业守法和公众监督提供相关依据。美国的排污许可制度根据污染物种类、排放量、排放特征以及对环境和人体健康的影响等对排污企业实施不同类型的许可证管理。美国的《清洁空气法》规定了建设许可和运行许可两类大气排污许可证。建设许可证适用于所有新建和改/扩建的固定污染源。运行许可证的管控对象包括现有固定污染源。

### 一、以建设许可证确保企业环境管理和空气质量管理的统一

EPA 根据 6 种标准大气污染物($O_3$、$SO_2$、$NO_2$、$CO$、$PM_{10}$、$Pb$)浓度将美国各地划分为空气质量达标地区和未达标地区,对两类地区采取差异化的管理措施并设立不同的技术准入门槛。在未达标地区(任何一种污染物浓度超过空气质量标准的地区),任何新建或改建的大气固定污染源均需获得"新污染源审查"(New Source Review,NSR)许可证。NSR 许可证对排污许可要求十分严格,既要求企业实施污染物排放总量替代制度,又要求企业不计成本安装污染控制水平最高的排放控制技术(Lowest Available

Emission Rate,LAER),加快未达标地区的空气质量改善进程。在空气质量达标地区,若新建或改建的重大排放源潜在排放量超过一定限度,该项目则需取得"防止重大恶化"(Prevention of Significant Deterioration,PSD)许可证,以防达标地区空气质量出现显著恶化。PSD 许可证还将 6 种温室气体($CO_2$、$CH_4$、$N_2O$、HFCs、PFCs、$H_2S$)和氟化物都纳入管理范围。建设许可证有效整合了区域污染总量控制和企业污染源排放技术控制,通过环境影响评价推动区域空气质量管理[63]。建设许可证的有效期一般为 12—24 个月,企业需在有效期内进行建设活动,获得运行许可证后建设许可证自动失效。

**二、以许可证明确企业治理污染的主体责任**

美国的排污许可制度通过许可证系统整合了企业守法的管理需求,强化了企业环境管理的主体责任。排污许可制度将对污染源的环境管理要求集成到一张许可证中,细化了企业守法监测、记录、报告和守法证明等方面的要求。在许可证实施阶段,美国法律规定了严格的排污监测和报告制度,明确了企业的信息报告责任。企业在运行过程中,必须按照许可证要求全程记录污染排放监测情况、各种投诉以及应对措施。监测报告必须每六个月提交一次,原始数据至少保留 3 至 5 年。企业每年都需要向当地环境管理机构以及 EPA 区域办公室提交年度守法报告,并对报告的真实性承担法律责任。排污许可制度中企业排放信息的报告、检查和追责体系保证了企业污染排放信息和环境管理信息的真实性和准确性[64]。

《清洁空气法》明确规定了公众在许可证制定、颁发和运行全过程的参与职能。EPA 或州环保局在核发许可证之前应将许可证决议进行不少于 30 天的公示以供公众监督。对于涉及范围较广、与公众利益关系密切的项目,必须举行听证会。排污许可证的申请人和持有人应严格履行提供排污信息的义务,在保护商业机密的前提下,向公众公开工业排污设施情况、排放源污染排放情况以及许可证要求的执行情况等相关信息。

### 三、完善许可证管理的技术支撑体系

为提高许可证管理的科学性和可靠性,美国 EPA 建立了模拟水和大气污染的本底模型,并发布了具体的工具指导手册,通过提供技术指导、培训和资金支持等方式协助许可证项目的实施。在制度实施过程中,企业和管理部门需使用统一的工具和模型计算新建污染源的排放量,并以此为基础判断新污染源的环境影响。《清洁空气法》要求 EPA 利用空气质量建模技术综合评估排污许可证发放和跨州大气环境管理等决策。

EPA 还建立了基于技术的大气污染物排放标准体系,通过使用最佳可得控制技术(Best Avaialbe Control Technology,BACT)、最低可达排放率技术(Lowest Available Emission Rate,LAER)、最大可得控制技术(Maximum Achievable Control Technology,MACT)等指导企业选择合适的治污设施[65](见图3-2)。其中,最佳可得控制技术标准是在考虑能耗、环境、经济成

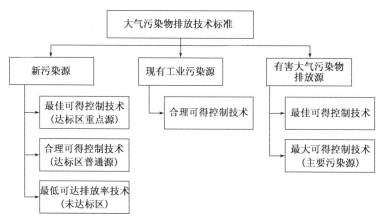

图 3-2 美国大气污染物排放技术标准体系[65]

本等影响因素的情况下可以获得最大减排量的技术,适用于空气质量达标区的新、改建重点污染源;合理可得控制技术是相对于最佳可得控制技术而言,在更多考虑技术和经济成本的情况下放宽对减排量的要求,适用于达标区的新、改建普通污染源和现有污染源;最低可达排放率技术是《清洁空气法》框架下最为严格的排放标准,适用于未达标区的新、改建污染源;最大可得控制技术是保证污染源排放水平不高于现有污染源排放控制效果前12%的技术标准,主要应用于有害大气污染物排放源。

### 四、在属地管理的基础上保留垂直管理的权限

在美国空气质量管理体制中,《清洁空气法》赋予了 EPA 所有污染源的监督管理权。EPA 通过设立 10 个区域分局对环境质量进行分区管理。各州环保局在区域分局的指导下制定州实施计划(State Implementation Plan,SIP)和适应本州的环境管理规定,形成"EPA—区域分局—州—排放源"的管理链条。在排污许可制度的实施过程中,EPA 可以授权各州实施排污许可,也可以在州实施计划未获得通过或执行不力的情况下直接给企业颁发排污许可证。当州颁发的许可证与联邦要求有矛盾时,EPA 可以提出反对,甚至通过停止资助来制裁各州对排污许可制度的执行不力,并为该州制定更为严格的联邦实施计划(Federal Implementation Plan,FIP)。联邦实施计划将在该州执行 2 年,直到该州的州实施计划获得批准。因此,美国大部分的排污许可证由各州颁发,仅有少部分由 EPA 颁发[63]。强调属地管理与垂直管理相结合的排污许可制度体系既确保了 EPA 在大气污染防治过程中的绝对权威,也可以调动各州环保部门的积极性,推动各州州实施计划的有序开展。

# 第四节　长三角区域大气排污许可制度的改革路径

当前,我国的排污许可制度改革旨在以排污许可制度为核心构建能融合总量控制、环境影响评价、"三同时"、污染源监管等系列点源管理制度的点源环境管理制度平台[57]。作为我国排污许可制度改革的试点区域,长三角地区部分省市的排污许可制度改革已取得重要的阶段性成果,大力推动了国家层面排污许可制度的改革。但当前长三角三省一市的排污许可管理仍难以实现区域层面的"统一规划、统一监管和统一考核"。为提高长三角地区点源污染的治理能力和管理水平,长三角三省一市亟须将排污许可制度作为区域大气污染防治协作的基础手段,紧密结合区域空气质量改善的需求,进一步整合衔接各项环境管理制度,构建系统完整、权责清晰、监管有效的污染源管理新格局。

## 一、构建以排污许可制度为核心的区域点源管理体系

构建以排污许可制度为核心的区域点源管理体系,需要将排污许可制度作为点源环境管理的核心制度和基础平台,有效整合各项点源管理制度的管理内容,重构点源环境管理制度体系的操作流程,全面优化长三角区域点源污染防治协作制度体系[43]。

1. 确立点源管理中排污许可制度的核心地位

排污许可制度具有综合性许可和动态化监管的优势。长三角区域点源环境管理制度改革首先需要确立排污许可制度的核心管理地位。在管理阶段上,将排污许可制度贯穿建设项目环境管理的全生命周期,将排污单位在开发、建设、运营和停产搬迁期所有可能的环境影响一并纳入管理范畴,解决目前排污许可制度仅作用于排污单位运营期的应用局限;在管理内容上,将废水、废气、噪声等各类污染要素全部纳入排污许可管理范畴,将各项点源管理要求集中体现在排污许可事项之中,实现点源排污的"一证式"管

理;最后,基于排污许可制度建立点源排污的动态监管机制。排污许可证是环保部门对企业排污行为的规范,许可证副本中也记录了企业排污的监测数据和监察记录,是环保部门日常环境监管执法的主要凭证。

2. 整合衔接排污许可制度与其他点源管理制度

为实现区域空气质量的精细化管理,长三角需整合现有的各项点源管理制度,有效衔接各项制度的执行过程,精简操作流程,规范企业环境行为,推动区域点源管理从总量控制向环境质量改善转变。三省一市的生态环境部门应将排污许可制度作为总量控制制度实施的载体,使许可排放量成为总量控制指标的具体表现。长三角各级环境管理部门可通过控制排污许可证的发放数量和许可排放量来具体落实区域总量控制,并通过严格的证后监管对各排污单位的排放配额进行变更、调控,形成"自上而下"的政府宏观环境管理与"自下而上"的污染源微观管理相结合的总量控制模式(见图3-3)。

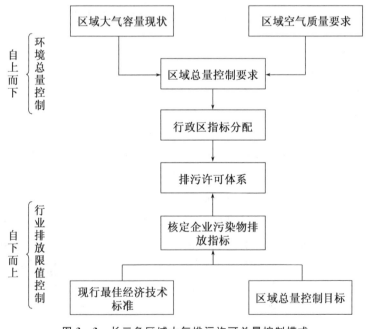

图3-3　长三角区域大气排污许可总量控制模式

在"自上而下"的政府环境总量控制中,长三角三省一市应综合考虑区域的环境主体功能区划、社会经济发展水平、大气污染物排放特征等相关因素,基于合理的指标分解机制,确定各行政区的总量控制指标。首先,长三角区域空气质量管理机构应基于区域大气污染物排放清单,建立空气质量模型分析排放源与区域空气质量之间的非线性响应关系,并以此为科学依据设定多污染物的区域排放总量控制目标。其次,长三角应综合考虑大气污染的区域传输影响,优化区域排放总量的分配方案,为区域大气污染物排放总量控制提供方法支撑。

"自下而上"的污染源管理建立在行业排放限值和区域总量控制目标基础上。基于行业排放限值的排污许可是以行业生产工艺和污染治理水平为前提的排放限值核算体系。在排污许可证发放前,相关行政主管部门或其委托的第三方机构需对申请企业进行实地考察,根据企业的生产工艺和污染物处理能力综合判定许可排放限值,并结合企业现有的生产工艺和污染物处理技术,鼓励企业实行清洁生产改造、淘汰落后产能和落后工艺,从而达到污染物的排放限值控制目标。当行业排放限值不能满足区域环境空气质量控制目标时,长三角需使用基于环境质量改善的更严格的排污许可设计方案[66]。

除总量控制制度外,排污许可制度也应与环境影响评价、"三同时"、排污权有偿使用与交易制度等进行对接和融合。环境影响评价制度是所有新、改、扩建项目的前置审批制度,是建设项目获取排污许可证的先决条件。"三同时"制度着重强调落实环评文件中的环保设施建设要求,并以环保设施竣工验收的方式来监督建设项目环保设施建设要求的执行。环保部门应将环境影响评价结果作为环保部门核发排污许可证的重要判断依据和时间节点,将环评文件中包括环保设施建设要求在内的各项管理要求纳入排污许可事项中,通过排污许可证的后续监管来代替"三同时"制度的验收工作,保障环评文件中的各项管理要求落到实处,解决当前环境影响评价制度和"三同时"制度静态管理和僵化管理的弊端。

排污许可制度可为环境保护税、环境统计和排污权交易等点源环境管理制度提供企业污染排放数据。全国排污许可证管理信息平台可通过各级联网、数据集成和信息共享,为各项环境管理制度提供统一、权威的环境数据。排污许可证可作为排污权有偿使用和交易的重要载体。排污许可证中排污行为的记录可为排污交易中企业交易资格审查、排污权指标核定和流向管控等交易行为提供依据,有效推进排污权有偿使用和交易制度的实施。此外,排污许可制度也为当前我国环境风险的精细化管控提供数据支撑。

3. 重构点源环境管理体系的操作流程

以排污许可制度为核心的区域点源环境管理制度体系应从建设项目的全生命周期入手,进一步优化操作程序,提升整体行政管理效率(见图 3 - 4)。在项目筹建阶段,环境影响评价、"三同时"、总量控制和相关产业政策应作为企业排污许可证发放的前提,将企业的相关排污规范纳入排污许可的后续监管。在项目建设及试运营阶段,通过排污许可的过程监管职能加强对企业建设期环境行为的监管。

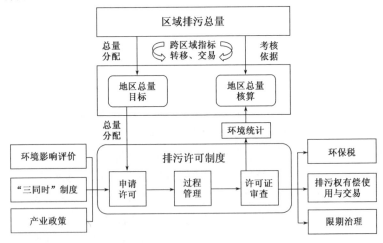

图 3 - 4  以排污许可制度为核心的"一证式"点源环境管理体系

排污许可制度在正式运营阶段需强化排污企业诚信守法的自我监管职责。排污许可证副本中的企业自行监测和政府日常监管信息可作为企业污染物实际排放量的核定依据，为环保税、排污权有偿使用与交易等制度实施提供实施依据；当监管过程中发现违法排污行为，环保部门需将企业的违法行为和相关处罚记录在排污许可证中，并根据情况启动限期治理等政策。清晰明确的企业排污数据也为地区污染物排放总量核算、区域内排污总量分配、区域排污交易体系等提供数据支持。

### 二、实施大气点源排污许可管理的垂直化体制改革

为有效破解环保体制的条块矛盾，促进基层环保工作的高效开展，十八届五中全会提出实行省以下环保机构监测、监察、执法的垂直管理制度（简称"垂管"）。2016 年 9 月，国务院发布《关于省以下环保机构监测监察执法垂直管理制度改革试点工作的指导意见》，详细阐述了我国省以下环保机构垂直管理制度改革的路线图。目前，我国正在包括江苏省和上海市在内的 12 个省市进行省以下"垂管"改革试点。

省以下环保机构"垂管"改革将调整市县环保机构和环境监察监测机构的管理体制。为"屏蔽"地方保护主义对环保工作的干扰，地方环保机构"垂管"改革一方面上移了市、县两级环保部门的环境监测和监察的职能，由省级环保部门实施统一管理。另一方面，改革将强化基层市、县的执法能力，通过将县环保局上收为市局的派出机构，由市环保局统一指挥环保执法力量，强化基层环境执法能力。此外，"垂管"改革通过将地级市环保部门主要领导的人事任免权从以地方为主调整为以省级环保部门为主，破除地方环境保护主义。

环境监测、监察以及跨地区环境规划管理是我国环保机构"垂管"改革过程中的关键内容，也是以排污许可制度为核心的"一证式"点源环境管理制度体系的重要组成部分。排污许可制度包含

不同地区和不同行业点源的基本排污信息和污染防治要求,是环保部门执法、企业守法以及公众参与监督的重要依据,也应成为垂直管理制度改革的出发点和落脚点。

长三角应以排污许可制度为依据强化区域内环保机构的垂直管理(见图3-5)。三省一市应将各级行政区的大气排污许可证审批权逐级上移,县级排污许可证审批权上移至地级市,市级排污许可证审批权上移至省级。同时,市、县两级环保部门排污许可证的监管职能也应上移至省级生态环保部门,由省级生态环保部门统一监督管理。市、县两级生态环保部门负责属地环境执法,强化现场环境执法能力。

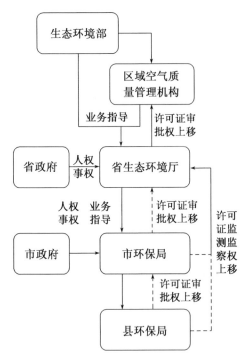

图3-5　以排污许可制度为载体的区域垂直管理改革

为推进区域大气污染防治协作,长三角地区应成立区域空气质量管理机构,进一步将省级重要功能区的污染排放审批权上移至区域空气质量管理机构。一方面,区域空气质量管理机构可在石化、化工、有色金属、钢铁、建材等高耗能重污染企业的新、改建项目环保审批过程中开展省际会商,协商确定审批建议。另一方面,区域空气质量管理机构应掌握各省市排污总量的分配和审批权,可以根据三省一市的自然环境特征、空气质量状况、社会经济情况和环境治理能力等,科学合理地分配区域污染物排放总量,提高区域排污许可管理的科学性和合理性[68]。

### 三、构建以排污许可制度为载体的点源管理多元共治模式

环境治理主体的多元性和区域空气污染的复杂性决定了长三角区域大气污染联防联控必须强化政府、企业、公众的相互协作,充分发挥各类环境治理主体的职能,实现多主体共治的治理模式。目前,我国环境治理理念正由过去的单维治理向多元共治方向发展,已初步形成较为坚实的环境管理多元共治体系。构建全社会广泛参与、行政监督、市场调控与法律约束相互协调的多元环境管理体制对实现区域大气点源污染防治协作具有重要意义。

长三角三省一市需以区域排污许可制度为载体,将政府的部分点源管理责任与权力赋予企业和社会治理主体,通过界定各治理主体的管理职能和边界,构建区域大气点源环境管理的多元共治模式。在多元共治中,政府需通过自行监管、信息公开、社会监督等多种管理手段,强化企业环境治理的主体性,形成多主体间相互制约、相互协作的治理模式(见图3-6)。

1. 多元共治模式中的政府管理职能

环境产品的公共性和外部性决定了政府是保护环境、提供环境公共服务的首要主体。作为环境保护的监管者和公共服务的供给者,政府在点源环境管理中应提供理想化的制度安排,从宏观层面出发制定并完善相关法律法规与管理制度,强化监督执法,制定

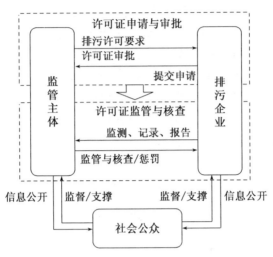

图3-6　以排污许可制度为载体的点源管理多元共治模式

保障社会整体利益的多主体环境行为规范。目前,各级政府已将排污许可制度改革提上政策议程。生态环境部正积极推进《排污许可管理条例》等相关法律文件的研究制定。

目前,长三角三省一市已将排污许可制度列入地方环境保护条例,确立了排污许可制度的法律依据和适用范围,明确了企业的守法责任。长三角三省一市应进一步加强顶层设计,加快出台区域层面的排污许可管理条例和办法,从法律基础、技术方法、许可内容和保障机制等多个方面完善区域排污许可制度的顶层设计[57]。

此外,长三角应以区域空气质量改善为最终目标,综合考虑污染排放的波动性、受纳环境的特征、技术可达性以及企业适用度等多方面因素,建立基于减排成本、环境效益等多目标约束的排放标准体系。环境主管部门应综合考虑环境质量状况、社会经济状况、技术水平等多方面因素,制定分区域、分行业和分阶段的具体实施方案。在此基础上,从时空尺度上针对不同排放阶段和排放工艺细化排放限值指标,结合监测能力等因素制定明确的达标判定方法,提高排污许可限值的适用度。

点源环境管理的信息繁杂、头绪众多。长三角应依托全国排污许可证平台,构建区域一体化的排污许可业务平台,推动区域点源管理向精细化方向发展。基于区域排污许可信息平台数据库,长三角可对区域、省市、行业和企业等多层次的排污数据开展数据挖掘,并集成到决策支持系统中,更好地服务各项大气点源环境管理工作[57]。

2. 多元共治模式中的企业治理职能

企业应将环境责任作为企业管理的重要组成部分,实现从追求自身利益最大化到追求所有相关者利益最大化的转变。以排污许可管理为载体的多元共治模式应强化企业诚信和守法的主体责任,建立"企业自主申请、举证、监测、信息公开"的排污许可管理模式[57]。

首先,企业在申领排污许可证时需提供生产技术、污染治理和排放监测等信息,证明其满足总量控制、行业排放标准等相关环境管理政策的要求。在领取许可证后,企业需严格按照许可证载明事项规范自身环境行为,将污染源治理和合规监测纳入自身管理范畴,如实向社会公开相关信息。

其次,企业应根据自身排污特征和人员配置,完善企业污染源管理制度,明确管理团队在排污许可制度执行过程中的职责分配、管理方案以及相应的惩罚激励措施,从管理人员、管理制度等方面重视企业内部环境管理能力建设,提高相关行政人员、污染防治设施和监测设备运维人员的职业化和专业化水平。在此过程中,企业可与经环保部门认证的第三方服务机构建立长期合作关系,辅助企业履行环境治理责任,完成包括排污许可证申请、监测方案制定在内的各项污染源管理工作。

3. 多元共治模式中的社会公众管理职能

除政府和企业外,社会公众也是环境管理的重要利益相关方。社会公众应通过环境信息公开、公众参与、环境公益诉讼等社会管理机制,监督政府和企业履行环保责任。随着我国环境法治的发展,公众参与环境治理已具备坚实基础。新《环境保护法》将"公众参与"列为我国环境保护的五大原则之一,并设专章规范了我国环境保护信息公开和公众参与的政策措施。《环境信息公开办法(试行)》和《企业事业单位环境信息公开办法》等法规也从信息公开的角度推进了我国公众参与环境治理的进程。

为保障"一证式"点源管理制度体系的有效实施,长三角三省一市应大力推行排污许可管理全过程的信息公开和公众参与,鼓励社会公众利用自身的技术条件和影响力,为政府提供专业信息和决策支撑,弥补政府的监管空缺,积极影响环境管理政策的制定与实施。在排污许可证申请和核发过程中,三省一市应对涉及群众利益的重大决策和建设项目设立公众听证机制,通过公告、报纸、电视、网络等手段,全面公开排污许可申请材料、排污许可草案及正式文本等信息,保障公众的知情权和参与权[67]。在排污许可的监管环节中,长三角三省一市应建立制度化的政策咨询机制和环境服务平台,全面公开排污企业的自我监管、污染源核查以及相关处罚决定等信息,鼓励公众参与企业排污许可的监管,推动社会环境治理与监督工作。

# 第四章

# 长三角区域一体化的
# 环境准入政策

为改善空气质量,长三角三省一市在区域层面、省级层面和地级市层面开展了诸多大气污染防治工作。其中,严格的环境准入是区域大气污染联防联控的重要抓手。《重点区域大气污染防治"十二五"规划》和《大气污染防治行动计划》均要求长三角区域严格环境准入,通过控制高耗能高污染项目建设、限制污染物新增排放量、实施特别排放限值、提高挥发性有机物排放类项目建设要求等措施优化工业布局,提高大气污染源的环保准入门槛。

2014年原环保部出台《关于落实大气污染防治行动计划严格环境影响评价准入的通知》,预期通过发挥规划环境影响评价的调控、引导和约束作用,针对重点区域、重点产业实施规划环境影响评价会商机制,严格把控建设项目环境影响评价审批准入,强化建设项目大气污染源头控制。长三角三省一市也分别出台《江苏省大气污染防治行动计划》、《浙江省大气污染防治行动计划》、《上海市清洁空气行动计划》和《安徽省大气污染防治行动计划实施方案》,细化各自的环境准入政策措施。

环境准入政策是大气污染防治的重要源头控制手段。目前我国的环境准入政策主要针对建设项目和产业结构做出调整,属于产业环境准入。作为宏观控制手段,区域环境准入政策需要从区域环境容量和功能区划出发,统筹区域发展规划、宏观政策、法律法规等,对区域产业布局等开发建设活动提出一系列控制性准则和规定。环境准入政策体系一般可分为空间准入、总量准入、时序准入、强度准入和项目准入等[69]。

　　根据应用尺度不同,本章将区域环境准入政策分为区域、行业和相关配套管理三个层面(见图 4 - 1)。区域层面的大气环境准入政策通常指符合区域产业政策、产业布局、生态功能区划、主体功能区划等约束的空间准入和总量准入;行业层面的大气环境准入政策是统筹区域各行业的整体技术水平、生产能力、资源能源消耗强度和污染物排放强度等方面的准入要求,为行业环境准入设置明确合理的指标限制;相关配套管理层面的大气环境准入政策是指大气环境监测、管理等相关环境服务中关于质量保证和控制措施的准入规范。三个层面的大气环境准入政策是相辅相成的关系。严格的区域层面环境准入会在很大程度上影响行业层面准入政策的设置,而行业层面准入政策的有效实施则需要完善的管理层面准入政策作为保障。

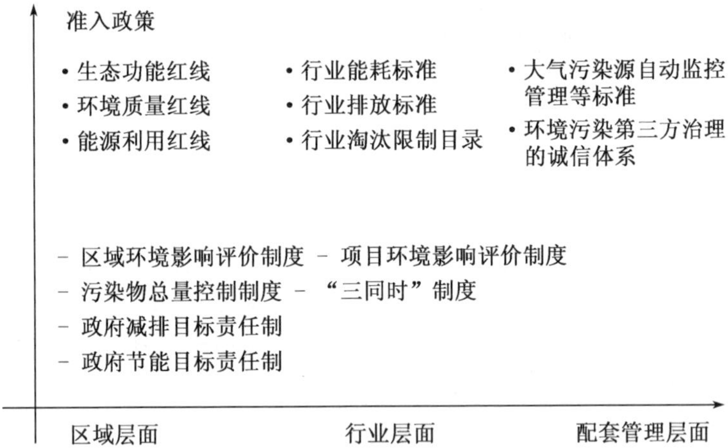

准入政策

・生态功能红线　　・行业能耗标准　　・大气污染源自动监控管理等标准
・环境质量红线　　・行业排放标准　　・环境污染第三方治理的诚信体系
・能源利用红线　　・行业淘汰限制目录

－ 区域环境影响评价制度　－ 项目环境影响评价制度
－ 污染物总量控制制度　　－ "三同时"制度
－ 政府减排目标责任制
－ 政府节能目标责任制

区域层面　　　　　　行业层面　　　　　　配套管理层面

图 4 - 1　区域一体化的环境准入政策框架

　　近年来,长三角三省一市积极实施严格的环境准入,从源头防治大气污染。本章在系统梳理三省一市现有大气环境准入政策体系的基础上,从区域、行业和相关配套管理三个层面为逐步统一区域环境准入门槛,促进区域环境空气质量改善提供政策建议。

# 第一节　区域层面大气环境准入政策

区域层面的大气环境准入政策通常包括符合长三角区域产业政策、产业布局、生态功能区划和主体功能区划等约束的系列空间准入和总量准入。下文从大气环境红线的划定与管控、区域大气污染物排放红线和区域能源利用红线三个方面分析长三角区域层面的大气环境准入制度。

## 一、大气环境红线的划定与管理

地形、气候、土地利用等自然禀赋对大气污染管控具有重要影响。基于自然要素划定大气环境红线对优化区域空间布局,改善区域空气质量至关重要。传统的大气污染防治大多以具体的治理任务为载体,通过治理污染改善空气质量。区域大气环境红线是指大气环境需要特别保护或治理的空间区域,包含重要环境功能区、污染易聚集区和敏感环境受体集中区等需要特别治理和保护的区域。区域空气质量管理需针对红线区域制定相应的环境质量目标、污染物排放控制目标和环境风险管理要求[70]。

大气环境红线体现了区域大气污染空间管理的客观性和动态性双重特征[71]。大气环境红线是基于气候、气象、地形等自然禀赋划定的,具有自然属性。区域大气环境系统的空间客观差异决定了大气环境红线的客观性。大气环境红线的划定也受社会经济和自然地理变化的影响,不断演变,具有动态性。大气环境红线管理在空间上对接了区域土地利用规划和产业规划,有利于实施空间差异化的大气环境管控措施,引导区域有序扩张。

由于大气流动的复杂性,大气环境红线的划定目前仍缺乏相应的法律法规和技术规范指导。污染物排放清单是大气污染防治的一项重要基础性工作。排放清单能够动态反映地区能源结构、各类污染源数量、主要污染物产生量和排放处理措施等在各行业和各地区的分布情况。近年来,长三角三省一市积极推进大气污染源排放清单建设和来源解析工作,对本省(市)的主要大气污染物排放量进行估算。在原环保部和科技部支持下,环保公益性项目"长三角大气质量改善与综合管理关键技术研究"和国家科技支撑计划项目"长三角区域大气污染联防联控支撑技术研发及应用"都通过构建区域大气污染源清单等积极推动区域大气污染防治的科学决策。

长三角应依托现有的区域大气污染物排放清单、环境功能区划及大气环境容量,通过大气流场及污染传输模拟,划定大气环境红线,识别大气环境红线控制单元。对于源头布局敏感区、污染易聚集区和敏感环境受体聚居区等大气环境红线控制单元,实施更加严格的总量控制、排放标准和环境风险管理。对环境质量不能达到功能区划要求的大气环境红线控制单元,实行"区域限批"。

针对重点区域和重点产业规划,长三角应构建区域规划环境影响评价会商制度,进一步从区域层面优化长三角的石化、化工、火电、煤炭、钢铁、有色、水泥等重点产业和产业园区的规模、布局和结构。对可能产生跨行政区大气污染的区域规划,以及以石化、化工、有色金属、钢铁、建材等为主导的国家级产业园区规划,规划环评报告书应当由长三角三省一市进行省际会商。规划编制单位在向当地环保部门报送规划环评报告书前,应书面征求长三角区域空气质量管理机构的意见,并根据区域规划环评会商的意见对规划及规划环评报告书进行修改完善。区域环评会商的意见以及规划编制单位的采纳情况也应作为地方环保部门评审的重要依据。

## 二、区域大气污染排放红线

区域大气污染排放红线包括区域大气环境质量达标红线、区域总量控制红线和大气环境风险管理红线三个方面。环境质量达标红线指的是根据划定的大气环境红线,结合区域经济社会发展战略布局,以保障人体健康和生态环境为目标,对大气环境中各种污染物允许含量所做的限值规定。区域总量控制红线是指以控制一定时段、一定区域内重点大气污染物排放总量为核心的控制措施。大气环境风险管理红线是对大气环境红线区实施更加严格的环境风险管理。

1. 区域大气环境质量达标红线

区域大气环境质量达标红线包括区域环境空气质量标准和环境质量改善目标。2012 年 2 月,原环保部发布了新修订的《环境空气质量标准》(GB3095—2012),新增了臭氧($O_3$)和细颗粒物($PM_{2.5}$)两项污染物空气质量标准,收严了可吸入颗粒物($PM_{10}$)和二氧化氮($NO_2$)等污染物的浓度限值要求,提高了对空气自动监测系统的运转要求。尽管新的空气质量标准进一步扩大了人群保护范围,但其仅实现了与世界"低轨"标准的对接(见表 4-1)。以 $PM_{2.5}$ 为例,新标准中 $PM_{2.5}$ 的年平均浓度二级标准为 35 $ug/m^3$,仅与世界卫生组织(World Health Organization,WHO)过渡期目标一的水平持平。目前我国新《环境空气质量标准》的二级标准仍相对宽松,存在较大的修订空间。

表 4-1　中国和 WHO 空气质量准则中 $PM_{2.5}$ 浓度限值比较($ug/m^3$)

| | 中国 | | WHO 过渡期 | | | WHO准则值 |
|---|---|---|---|---|---|---|
| | 一级 | 二级 | 目标一 | 目标二 | 目标三 | |
| 日平均浓度限值 | 35 | 75 | 75 | 50 | 37.5 | 25 |
| 年平均浓度限值 | 15 | 35 | 35 | 25 | 15 | 10 |

为切实改善空气质量,国务院颁布《大气污染防治行动计划》,计划通过五年努力(2013—2017 年),实现全国空气质量总体改善,较大幅度减少重污染天气,明显改善长三角等重点区域空气质

量,到 2017 年使长三角区域 $PM_{2.5}$ 浓度下降 20％左右。《大气污染防治行动计划》实施以来,长三角区域空气中 $PM_{2.5}$ 浓度明显下降。2017 年江浙沪两省一市的 $PM_{2.5}$ 平均浓度下降至 44 微克/立方米,比 2013 年下降 34.3％,超额完成了国家设定的 20％减排目标。

尽管长三角区域 $PM_{2.5}$ 减排的成绩瞩目,当前长三角地区大气污染形势仍然严峻(见表 4－2)。目前,长三角地区 $PM_{2.5}$、$PM_{10}$、$O_3$ 和 $NO_2$ 浓度均达标的城市仍较少。长三角区域亟须以现行的环境空气质量标准为法律依据,结合划定的大气环境红线,积极制定更严格的大气污染治理措施并依法实施。

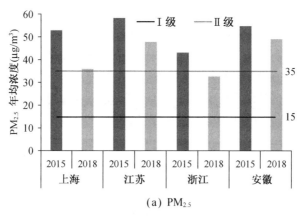

(a) $PM_{2.5}$

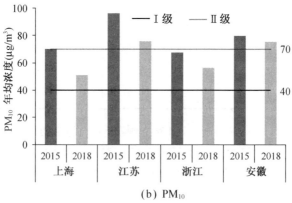

(b) $PM_{10}$

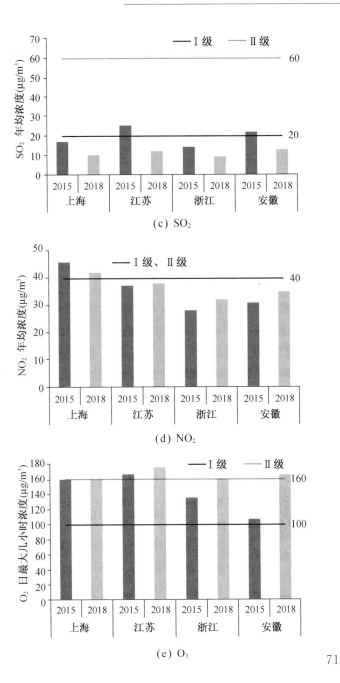

（c）SO₂

（d）NO₂

（e）O₃

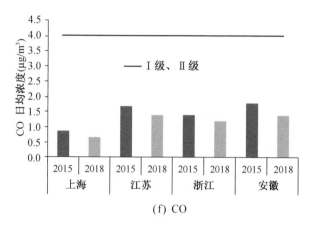

(f) CO

**图 4‑2　2015—2018 年长三角三省一市主要大气污染物浓度变化**

## 2. 区域总量控制红线

区域总量控制红线是以控制一定时段、一定区域内重点大气污染物排放总量为核心的环境管理手段。1996 年《国务院关于环境保护若干问题的决定》中首次提出"要实施污染物排放总量控制,建立总量控制指标体系和定期公布制度"。随着我国经济的超预期发展和产业结构变化,"十五"期间,我国工业废气排放量进入快速增长阶段,总量控制目标基本落空。"十一五"期间,总量控制制度被提升到国家战略高度,实现了从"软约束"向"硬约束"的转变。总量控制制度在制度设计、管理模式和落实方式上进行了大量创新,使污染减排取得重大进展。与 2005 年相比,2010 年我国 $SO_2$ 排放量下降了 14.29%,超额完成了 10% 的减排目标。

"十二五"期间,我国总量控制制度进一步拓展优化。大气污染物总量控制将 $NO_x$ 列为约束性指标,并将农业源和机动车纳入控制范围,计划在"十二五"期间将 $SO_2$ 和 $NO_x$ 排放量分别减少 8% 和 10%。"十二五"期间,我国大气污染总量控制进一步取得历史性突破,$SO_2$ 和 $NO_x$ 实际排放量分别下降 18.0% 和 18.6%

（见表 4 - 2）。为协同控制 $PM_{2.5}$ 和臭氧污染，《"十三五"生态环境保护规划》将 VOCs 纳入总量控制范畴，在重点地区和重点行业推进挥发性有机物总量控制。

表 4 - 2　中国大气污染物总量控制目标与实际削减情况

| | "十一五"<br>（2005—2010 年） | | "十二五"<br>（2010—2015 年） | | "十三五"<br>（2015—2020 年） |
|---|---|---|---|---|---|
| | 减排目标 | 实际削减量 | 减排目标 | 实际削减量 | 减排目标 |
| $SO_2$ | 10％ | 14.3％ | 8％ | 18.0％ | 15％ |
| $NO_x$ | — | — | 10％ | 18.6％ | 15％ |
| VOCs | — | — | — | — | 10％ |

　　"十一五"以来，以目标责任制为核心的政绩考核体系大力推动了污染物总量减排工作。原环保部与各省级政府、五大电力集团公司、中石油、中石化和神华集团签订了主要污染物总量减排目标责任书，对减排目标和减排措施做出明确规定。各省也都将环境保护的目标和任务分解落实到各级政府，有序推进各项减排措施。

　　作为东部发达地区，长三角地区积极推行污染物总量控制政策。"十五"期间，长三角地区的 $SO_2$ 排放量下降了 39％。其中，上海市、江苏省、浙江省和安徽省分别下降 66.7％、39.2％、37.5％ 和 15.9％。"十一五"期间，上海市、江苏省和浙江省的 $SO_2$ 排放量分别下降了 50.3％、20.9％ 和 20.5％，超额完成中央政府布置的减排任务，但安徽省仅 5.8％，远低于 18％ 的减排目标。"十二五"期间，中央政府将安徽省的 $SO_2$ 减排目标下调至 6.1％，而长三角三省一市的 $SO_2$ 排放总量下降 21％，均远高于中央政府布置的削减目标（见表 4 - 3）。

表 4 - 3　长三角 SO₂ 总量控制目标实现情况

| 地区 | 排放量（万吨） | | | "十一五" | | "十二五" | | "十三五" |
|------|------|------|------|------|------|------|------|------|
| | 2005 年 | 2010 年 | 2015 年 | 削减目标 | 实际削减 | 削减目标 | 实际削减 | 削减目标 |
| 上海市 | 51.30 | 25.50 | 17.1 | 25.9％ | 50.3％ | 13.7％ | 32.9％ | 20.0％ |
| 江苏省 | 137.30 | 108.60 | 83.5 | 18.0％ | 20.9％ | 14.8％ | 23.1％ | 20.0％ |
| 浙江省 | 86.04 | 68.40 | 53.8 | 15.0％ | 20.5％ | 13.3％ | 21.3％ | 17.0％ |
| 安徽省 | 57.10 | 53.80 | 48.0 | 18.0％ | 5.8％ | 6.1％ | 10.8％ | 16.0％ |
| 长三角 | 331.74 | 256.30 | 202.40 | 18.4％ | 22.7％ | 12.5％ | 21.0％ | 18.3％ |

"十二五"期间,中央政府为长三角三省一市设置了 15.7％的 $NO_x$ 总量减排目标,其中上海市、江苏省、浙江省和安徽省的减排目标分别为 17.5％、17.5％、18.0％和 9.8％(见表 4 - 4)。在三省一市的努力下,长三角区域的 $NO_x$ 排放总量从 2010 年的 367.7 万吨下降至 2015 年的 269.7 万吨,降低 26.7％,远高于中央政府制定的总量控制目标。《"十三五"生态环境保护规划》为长三角区域 $SO_2$ 和 $NO_x$ 的排放量都设置了 18.3％的减排目标。此外,该规划也将长三角纳入挥发性有机物总量控制的重点区域,为上海市、江苏省和浙江省设置了 20％的削减目标,为安徽省设置了 10％的削减目标。

表 4 - 4　长三角 $NO_x$ 总量控制目标实现情况

| 地区 | 排放量（万吨） | | "十二五" | | "十三五" |
|------|------|------|------|------|------|
| | 2010 年 | 2015 年 | 削减目标 | 实际削减 | 削减目标 |
| 上海市 | 44.3 | 30.1 | 17.5％ | 32.1％ | 20.0％ |
| 江苏省 | 147.2 | 106.8 | 17.5％ | 27.4％ | 20.0％ |
| 浙江省 | 85.3 | 60.7 | 18.0％ | 28.8％ | 17.0％ |
| 安徽省 | 90.9 | 72.1 | 9.8％ | 20.7％ | 16.0％ |
| 长三角 | 367.7 | 269.7 | 15.7％ | 26.7％ | 18.3％ |

在总量准入上,三省一市均严格实施污染物排放总量控制措施,将 $SO_2$、$NO_x$、烟粉尘和挥发性有机物排放是否符合总量控制要求作为建筑项目环境影响评价审批的前置条件,对建筑项目能耗和污染物排放总量实施减量替代。总量控制制度正通过推动低能耗、低排放产业的快速发展,倒逼长三角三省一市产业结构的绿色转型。

在取得阶段性进展的同时,总量控制制度也暴露出一系列亟须改革和完善的问题,主要表现在以下三方面:首先,总量控制的污染物覆盖范围窄、控制模式单一,控制目标与环境容量缺乏有效衔接,难以定量解释总量控制对空气质量改善的贡献;其次,总量控制制度在污染源管理的要求上与排污许可环境影响评价、排放标准、环保税等政策工具缺乏有效的衔接,很难形成制度合力;第三,现有总量控制制度在总量分配与统计考核过程中缺乏有效的技术支撑[72]。现行环境管理体系中污染源监控的范围、频度和准确性等不能及时、全面、准确地反映污染源的排污状况。部分地区的污染减排任务分解及相关责任无法落实到位,污染减排考核常流于表面。

目前,长三角三省一市正积极探索以排污许可为核心重构企事业单位的总量控制制度和以环境质量为核心的综合评估与考核体系,通过核发排污许可证明确排污企业的责任和管理要求,探索将污染减排目标拓展到企事业单位污染物排放的全过程。以排污许可证为载体的总量控制制度将强化企业减排的主体责任,推动点源管控模式从减排目标导向向环境质量目标导向转变。

3. 区域大气环境风险红线

区域大气环境风险红线是对大气环境红线区实施更加严格的环境风险管理。我国传统的空气质量管理模式以控制 $SO_2$ 和 $NO_x$ 等常规污染物为目标,不能全面真实地反映环境状况,给大气环境风险管理带来不便。2016 年实施的新《大气污染防治法》规定我国将"根据大气污染物对公众健康和生态环境的危害和影响程度,公布有毒有害大气污染物名录,实施风险管理"。

我国在"十一五"期间就已经初步建立了新化学物质和有毒化学品环境管理登记制度,针对重点行业和重点地区开展化学品环境风险检查,多部门联合淘汰有毒有害化学品[73]。2013年初,原环保部印发《化学品环境风险防控"十二五"规划》,开始试点化学园区大气环境风险预警体系。《"十三五"生态环境保护规划》将有效管控环境风险列为主要目标之一,加强有毒有害化学品的环境与健康风险评估能力建设。

作为环境风险管理改革的先行者,2013年江苏省和浙江省分别制定了《企业环境风险评估技术指南》,开展重点风险企业环境安全达标建设,提高企业环境应急管理水平,夯实企业差别化环境风险管理。2016年上海市制定了《上海市落实〈企业事业单位突发环境应急预案管理办法〉(试行)的若干规定》,以突发环境事件应急预案备案管理为重要抓手,推动"以风险防控为核心"的全过程管理。2018年,安徽省环保厅发布《关于进一步加强我省企事业单位突发环境事件应急预案管理工作的通知》。三省一市也积极开展重点危化品生产使用企业环境风险防控自查自改与专项检查,进一步强化企业危化品的风险管理,落实企业环境安全的主体责任。

长三角区域应启动有毒有害气体环境风险预警体系,积极推进区域大气环境风险管理工作。首先,在科学调研的基础上编制区域有毒有害大气污染行业和关键污染物名录,排查红线区内的风险源,建立区域一体化的风险源数据库和区域有毒有害气体的自动化、网络化、智能化和信息化的报警平台[74];其次,通过区域限批和提高准入条件,从源头上控制有毒有害气体的环境风险。禁止在大气环境红线区内新建或扩建易造成大气环境风险的建设项目,并逐步将具有潜在风险的企业逐步迁出红线区[71];第三,建立有毒有害废气排放企业环境信息强制披露制度,通过公众参与和监督加强大气环境风险管理能力建设,提高防控水平,降低环境风险。

### 三、区域能源利用红线

化石能源燃烧是大气污染物和温室气体的主要排放源。煤炭、石油和天然气等化石燃料的燃烧使用过程会产生颗粒物、$SO_2$、$NO_x$ 等大气污染物和二氧化碳等温室气体。2010 年中国 70％的烟尘、90％的 $SO_2$、67％的 $NO_x$ 和 70％的二氧化碳排放都来自煤炭燃烧[75]。"十一五"以来我国就积极推动节能减排，通过提高能源利用效率、调整能源结构和限制产能等政策措施实现大气污染物和温室气体的协同减排。

《能源发展"十二五"规划》明确提出了"坚持节约优先，实施能源消费强度和消费总量双控，优化能源结构"的目标，计划在"十二五"期间实现单位 GDP 能耗降低 16％、单位 GDP 二氧化碳排放降低 17％的目标。《煤炭工业发展"十二五"规划》还为我国设定了煤炭总量控制目标：到 2015 年，全国煤炭产量和消费总量均控制在 39 亿吨标煤左右。在此基础上，国务院印发的《能源发展战略行动计划（2014—2020 年）》进一步提出到 2020 年将我国一次能源消费总量控制在 48 亿吨标煤左右，煤炭消费总量控制在 42 亿吨左右，煤炭占一次能源消费比重控制在 62％以内。这一系列能源利用的约束性政策构成了当前我国的能源利用"红线"。

长三角能源消费量巨大，约占全国能源消费总量的 18％。2005 年以来，长三角三省一市的一次能源消费总量从 2006 年的 4.82 亿吨标煤增加到 2016 年的 7.57 亿吨。长三角的能源消费总量控制问题实质上是煤炭减量、能源结构清洁化和区域协同发展的问题。为协同应对气候变化和大气污染，长三角三省一市正分别结合各地能源利用现状及未来发展规划，设置约束性能源利用目标，持续推进能源结构优化调整。

长三角三省一市均把严格控制能源消费总量和煤炭消费总量作为大气污染防治的关键举措。《上海市能源发展"十二五"规划》

提出到 2015 年将上海市能源消费总量控制在 1.4 亿吨标煤,煤炭消费总量占一次能源比重降到 40% 左右;《江苏省"十二五"能源发展规划》也提出将江苏省一次能源消费总量控制在 3.36 亿吨标煤,煤炭消费总量控制在 2.29 亿吨标煤以内。江苏省还提出到 2017 年将煤炭消费占能源消费比重降低到 65% 以下,到 2020 年将比重下降到 60% 左右,力争实现煤炭消费负增长;《浙江省"十二五"及中长期能源发展规划》提出到 2015 年要将浙江省的能源消费总量控制在 2.24 亿吨标煤以内,到 2020 年进一步控制在 2.89 亿吨标煤内。安徽省也在"十二五"能源发展规划中设置了降低能源消费和煤炭消费增速的导向性目标。

通过产业结构调整和能效提高等系列措施,近年来长三角区域能源消费总量增速明显放缓,形成低增长态势,能源结构调整步伐加快,煤炭消费的临界点开始临近。"十二五"期间,上海市能源消费总量的年均增速从"十一五"期间的 6.3% 下降至 1.3%。2015 年,上海市能源消费总量约 1.14 亿吨标煤,远低于 1.4 亿吨标煤的总量控制目标。煤炭占上海市一次能源消费的比重也从2010 年的 50% 下降至 2015 年的 36%。浙江省 2015 年能源消费总量仅 1.96 亿吨标煤,煤炭消费比重下降至 52.4%。"十二五"期间,江苏省能源消费总量从 2.49 亿吨标煤上升至 3.0 亿吨,煤炭占比从 68.4% 下降至 64.4%。安徽省的能源消费总量从 2010 年的 0.97 亿吨标煤上升至 2015 年的 1.23 亿吨,煤炭占比从82.1% 下降到 78.0%。

"十三五"期间,长三角计划持续保持能源消耗量的低速增长[76]。上海市计划在"十三五"期间将能源消费总量年均增速控制在 1.9% 左右,将 2020 年能源消费总量控制在 1.25 亿吨标煤以内;江苏省计划将 2020 年能源消费总量控制在 3.4 亿吨标煤以下,力争控制在 3.37 亿吨,年均增长 2.2%;浙江省计划到 2020年将能源消费总量控制在 2.2 亿吨标煤以内,年均增长 2.3%;安徽省计划 2020 年把能源消费总量控制在 1.42 亿吨,年均增长

2.9％。"十三五"期间,长三角三省一市计划以年均 2％—3％ 的能源消耗增速支撑 7％—8％ 的年均 GDP 增长。

在能源结构调整方面,上海市预期在"十三五"期间实现煤炭消费负增长,将煤炭占一次能源消费的比重下降到 33％ 以下。江苏省计划其 2020 年煤炭消费总量比 2016 年减少 3200 万吨,占能源消费总量下降到 50.9％,电煤占煤炭消费比例提高到 65％ 以上;浙江省预计 2020 年煤炭消费占比下降到 42.8％,其中发电和供热用煤占比提高到 85％ 以上。与江浙沪相比,安徽省的能源消费结构中煤炭占比过高,能源结构调整缓慢。安徽省预期在"十三五"期间将煤炭占能源消费比重降低到 75％ 以下。

目前,长三角地区煤炭消费总量控制目标和路线图已日渐清晰、可控。长三角三省一市正通过控制煤电投产规模,加大省外电源合作开发力度,提高外购电比例等措施积极推动区域能源清洁化转型。长三角中长期煤炭消费总量的下降幅度在宏观上将取决于经济增速及其对电力的需求,在微观层面上将取决于外来电的调入以及先进发电技术和冶炼技术的应用水平以及设备更新换代进程等。随着长三角区域能源利用红线的实施,区域煤炭消费总量将不断削减,利用途径不断优化,持续推动区域能源结构的清洁转型。

## 第二节　行业层面大气环境准入政策

行业层面的环境准入政策是在统筹考虑区域环境容量、各行业生产能力、技术水平和污染治理水平等因素的基础上,通过合理设置环境准入限值,对产业发展做出调控的政策措施[69]。产业环境准入是一个多层次、多要素的控制体系,在做出定量要求时应兼顾约束性、合理性、可达性等多方面因素。合理明确的产业准入标准限值将有效倒逼产业转型升级,从源头防治环境污染和生态破坏。

自"十一五"开始,我国明确提出要控制高耗能、高污染和资源型产品出口,限制或禁止该类外资项目的准入。2005年,国家发改委开始发布《产业结构调整指导目录》,通过明确列出国家鼓励、限制和淘汰产业的目录,引导产业结构调整。国家发改委也不断与时俱进,修订产业结构调整指导目录,扩大覆盖范围,细化条目内容,提高技术要求,并分别于2011、2013、2015、2018和2019年更新《产业结构调整指导目录》。近年来,工信部联合相关部委陆续颁布水泥、铸造、再生铅、电石和焦化等行业的准入标准,为行业绿色发展提供更明确的导向。2018年国务院发布《打赢蓝天保卫战三年行动计划》,要求各省编制环境准入清单,修订完善高耗能、高污染和资源型行业的环境准入条件[77]。

长三角企业众多,在快速的工业化和城镇化过程中,污染物排放和环境容量之间的矛盾十分突出。近年来,为了抑制某些行业的盲目投资,制止低水平重复建设,促进产业结构调整升级,江浙沪地区以国家行业政策为基准,因地制宜出台多项高于国家标准的环境准入标准和实施细则,初步构建了主要污染行业的环境准入制度体系。

作为大气污染的重点控制区,长三角地区通过严控高耗能、高污染和资源性行业新增产能、加快淘汰落后产能、压缩过剩产能等环境准入政策,调整优化产业结构,推动产业转型升级[77]。为加速淘汰落后产能,江浙沪两省一市结合当地大气污染防治的相关规定,分批制定了更严格的产业结构调整指导目录,通过"负面清单"管理,调整产业结构,淘汰落后产能。在此基础上,江浙沪地区收严了新增项目准入条件,针对重点控制行业出台产业、能耗、环保、安全、用地等方面的约束性地方准入标准。《重点区域大气污染防治"十二五"规划》要求长三角进一步针对火电、钢铁、石化、水泥、有色、化工六大行业以及燃煤锅炉项目执行大气污染物特别排放限值。本节从重点大气污染行业产能调整、强化节能环保指标约束、挥发性有机物治理和移动源污染协同管控四方面阐述行业层面的大气环境准入政策。

## 一、重点大气污染行业产能调整

长三角城市群是我国工业重镇。2017 年长三角地区的工业增加值占全国工业增加总值的 26.0％，发电量占全国发电总量的 17.8％，水泥、钢材、化肥农药原药和化学纤维的产量分别占行业总产量的 18.2％、19.6％、59.4％和 73.1％。2007 年全球经济危机后，在国际经济复苏缓慢、国内经济增速下行、消费需求疲软的市场环境下，长三角地区的钢铁、水泥和化工等行业均出现较严重的产能过剩问题。

作为我国工业经济第一大省，江苏省的钢铁、水泥、平板玻璃和船舶行业都存在不同程度的产能过剩问题。2013 年，江苏省的粗钢、水泥粉磨、平板玻璃和船舶行业的产能利用率分别为 76％、68％、77％和 74％左右。2012 年，安徽省钢铁、水泥、平板玻璃和船舶四个行业的产能利用率分别为 71.1％、80.2％、82.2％和 51.5％，存在严重的产能过剩。《大气污染防治行动计划》实施以来，长三角通过加快淘汰落后产能、压缩过剩产能和严控"高能耗、高污染和资源性"行业的新增产能来调控重点大气污染行业产能。

为化解过剩产能，加速淘汰落后产能，长三角三省一市结合当地大气污染防治的相关规定，针对钢铁、水泥、电解铝、平板玻璃和船舶等行业分批制定了高于国家标准的产业结构调整指导目录和落后产能淘汰标准（见表 4-5）。按照相关要求，三省一市每年都会公布限期淘汰、调整的企业名单。对未能按期淘汰落后产能的企业，政府可通过吊销生产许可证和排污许可证等行政手段强制淘汰落后产能。对未按期完成产能淘汰的地区，政府可通过区域限批暂停该地区重点行业建设项目的审批、核准和备案手续，严格控制重点污染行业的新建和扩建项目。通过淘汰落后产能、压缩过剩产能和严控新增产能，长三角区域已经初步建立淘汰落后产能的激励机制，加快产业升级转型。

表 4－5　长三角区域"十三五"产能调整目标

| 地区 | 产能控制目标 |
|---|---|
| 上海 | • 2017 年,钢铁产能控制在 2 000 万吨左右,水泥熟料产能控制在 210 万吨以内,粉磨产能控制在 700 万吨以内,船舶产能控制在 1 200 万吨左右<br>• 2020 年,钢铁行业铁水产能规模控制在 1502 万吨以内,鼓励炼钢转炉等工序向电炉等清洁生产工艺替代转型<br>• 禁止新建钢铁、建材、焦化、有色等行业的高污染项目,严格控制石化、化工等项目 |
| 江苏 | • 到 2020 年,化解钢铁(粗钢)过剩产能 1750 万吨、煤炭产能 836 万吨<br>• 到 2018 年底压减水泥产能 600 万吨、平板玻璃产能 800 万重量箱,船舶产能 330 万载重吨 |
| 浙江 | • 以钢铁、水泥、造纸、化纤、印染、铅蓄电池、化工、制革、砖瓦、电镀等十个行业为重点,加快高耗能重污染行业落后产能淘汰<br>• 2013—2017 年,钢铁行业压缩钢铁产能 300 万吨以上,产能利用率提高到 80% 以上;水泥行业熟料产能控制在 7 000 万吨以内,水泥粉磨产能控制在 16 850 万吨以内;压缩普通平板玻璃产能 150 万重量箱以上,总量控制在 4 800 万重量箱;压缩船舶产能 300 万载重吨以上;控制新增电解铝产能,压缩现有电解铝产量<br>• 禁止新建 20 蒸吨/小时以下的高污染燃料锅炉,禁止新建直接燃用非压缩成型生物质燃料锅炉 |
| 安徽 | • 严禁新增钢铁、焦化、电解铝、铸造、水泥和平板玻璃等产能;严格执行钢铁、水泥、平板玻璃等行业产能置换实施办法 |

"十二五"期间,长三角三省一市均超额完成了国家下达的淘汰落后产能目标。2014 年,原环保部在长三角地区针对电力、钢铁、水泥和平板玻璃四个行业开展大气污染限期治理行动。《长三角地区重点行业大气污染限期治理方案》要求长三角地区在 2015 年对 543 家企业、1 027 条生产线或机组的脱硫、脱硝和除尘设施进行建设与改造,限期使这些企业的二氧化硫、氮氧化物、烟粉尘

等主要大气污染物排放量较 2013 年下降 30％以上。2014 年上海市出台了首份地区《产业结构调整负面清单及能效指南（2014版）》，以强制性、约束性标准限制高污染、高耗能企业的生存空间。"十三五"以来，三省一市持续通过严格产业准入、优化区域产业布局、加快淘汰落后产能、推行清洁生产等措施，推动区域内产业准入和环境准入的对接和统一。

### 二、强化节能环保指标约束

#### 1. 大气污染物特别排放限值

"十二五"以来，我国加快了大气污染物排放标准体系建设。截至 2019 年底，我国现行的 43 项固定源大气污染物排放标准中 34 项是 2010 年及以后新颁发或修订。2012 年 10 月，原环保部、发改委和财政部联合发布《重点区域大气污染防治"十二五"规划》，规定在重点控制区的重点行业实施二氧化硫、氮氧化物、颗粒物和挥发性有机物的大气污染物排放限值。2013 年，江浙沪的 14 个城市开始对火电、钢铁、石化、水泥、有色和化工六大重污染行业的新建项目与工业锅炉实施比国家标准更严格的特别排放限值①。2018 年起，安徽省也开始对环境空气质量未能达到二级标准的省辖市实施特别排放限值。特别排放限值的实施从源头严格控制新增的大气污染，倒逼长三角产业结构的调整与升级。

2019 年，长三角将实施大气污染物特别排放限值的地域拓展到三省一市。随着国家大气污染排放标准体系的完善，实施特别排放限值的行业也不断扩展。截至 2019 年底，我国共有 28 项标准设置了大气污染物特别排放限值，其中 16 项为 2012 年以后新

---

① 重点控制区包括"三区十群"47 个城市。长三角为三区之一，包括上海市，浙江省环杭州湾的 5 个城市（杭州、宁波、湖州、嘉兴和绍兴）和江苏省的沿江八市（南京、苏州、无锡、常州、南通、扬州、镇江和泰州）。

颁发或修订的。2014年修订的《锅炉大气污染物排放标准》(GB-13271—2014)中对锅炉排放限值的规定从原来的燃煤锅炉扩展到包含燃油和燃气的所有锅炉。此外,江浙沪两省一市也通过制定更严格的地方标准来提高环保准入门槛。浙江省《燃煤电厂大气污染物排放标准》(DB33/2147—2018)比国家标准设置了更严格的燃煤机组特别排放限值。上海市现行的19项与大气污染物相关的行业排放标准中有16项是2013年后制定实施。《江苏省生态环境标准体系建设实施方案(2018—2022年)》要求江苏省到2022年底前完成《铅蓄电池行业大气污染物排放限值》和《工业炉窑大气污染物排放标准》等26项污染物排放标准的制定或修订,并对《表面涂装(汽车制造业)挥发性有机物排放标准》和《表面涂装(家具制造业)挥发性有机物排放标准》等7项标准实施评估。

2. 能源效率标准

除了大气污染物排放限值,长三角也正通过修订高耗能、高排放和资源型产业的资源能源消耗限值明确资源能源配置的具体要求。2015年国务院办公厅印发《关于加强节能标准化工作的意见》,提出"到2020年,建成指标先进、符合国情的节能标准体系,主要高耗能行业实现能耗限额标准全覆盖,80%以上的能效标准达到国际先进水平"。

长三角江浙沪地区的能源效率水平持续位于全国前列。"十五"期间,上海市外高桥第三发电厂供电煤耗已经达到世界领先水平。"十二五"期间,上海市主要耗能产品单位能耗水平全面下降,火力发电、精品钢等主要工业产品能耗指标达到或保持国内外行业先进水平。"十三五"期间,上海市将全面对标国际先进水平,完善产品能耗限额标准,使主要工业行业产品单位能耗达到国际先进水平,航空、航运和道路交通运输单位能耗基本达到国际先进水平。

"十一五"以来,江苏省和浙江省主要耗能产品的单位能耗总体上达到国内先进水平。"十三五"期间,江苏省预计使单位工业增加值能耗下降 18％以上,大型骨干企业主要产品单位能耗接近国际先进水平,部分企业能源效率指标达到国际领先水平。"十二五"期间,浙江省规模以上工业增加值能耗累计下降 23.8％,6000千瓦及以上火电机组发电和供电、炼油、中小型合成氨单位综合能耗达到国际先进水平。"十三五"期间,浙江省计划新建高耗能项目的能效水平达到国际或国内先进水平,新增主要用能设备达到一级能效水平。"十三五"末,浙江省预期传统高耗能行业主要产品单位能耗达到或接近国际先进水平。

"十二五"末,安徽省的马钢集团、铜陵有色、海螺水泥等资源能源利用大户的节能减排和资源利用率已经达到国内先进水平。"十三五"期间,安徽省要求新建项目的能效水平和排放水平达到国内先进水平,铜冶炼、铅冶炼、合成氨、平板玻璃制造等综合能耗保持国内先进水平,水泥综合能耗达到或接近国际先进水平。相似的产业结构和大气污染特征使长三角三省一市开始逐步对接和统一区域内重点行业的环境排放标准和节能标准,通过发挥环境标准的引领和导向性作用,促进节能减排和产业转型。

3. 节能环保技术准入

节能环保的技术准入是指通过政策引导和支持,推广先进、成熟、适用的清洁生产技术和装备,以技术进步促进节能减排。技术准入指标一般包括重点行业脱硫脱硝和除尘等污染减排设施和高效节能技术的改造和推广应用。2014 年 7 月,工信部发布《大气污染防治重点工业行业清洁生产技术推行方案》,计划通过在钢铁、建材、石化、化工、有色等重点行业企业开展清洁生产技术改造,推广先进适用的清洁生产技术,大幅度削减各类大气污染物的产生和排放,确保到 2017 年底使上述行业主要污染物排污强度比2012 年下降 30％以上。

长三角三省一市也发布了本地的重点行业清洁生产改造实施

计划,推进清洁生产审核和技术改造。"十三五"期间,上海市积极推进钢铁、水泥、化工、石化等重点行业的清洁生产审核,使清洁生产审核覆盖率达到 70%。江苏省对火电、钢铁、水泥、化工、石化、有色金属冶炼等重点行业实施强制性的年度清洁生产审计,开展重点企业清洁生产绩效审计。浙江省通过全面推行清洁生产,深入推动工业园区循环改造。安徽省也以钢铁、石化、化工、有色金属冶炼、水泥和火电等重点行业清洁生产为抓手,积极推进省内工业污染源全面达标排放。2014 年原环保部印发《长三角地区重点行业大气污染限期治理方案》,通过对电力、钢铁、水泥和平板玻璃制造四个行业开展大气污染限期治理,提高这四个行业在长三角的环境准入标准。

2014 年 9 月,国家发改委、原环保部和能源局联合印发《煤电节能减排升级与改造行动计划(2014—2020 年)》,要求新建燃煤发电项目(含在建和项目已纳入国家火电建设规划的机组)采用 60 万千瓦及以上超超临界机组,新建燃煤发电机组应同步建设先进高效的脱硫、脱硝和除尘设施。《全面实施燃煤电厂超低排放和节能改造工作方案》要求江浙沪两省一市在 2017 年前提前完成燃煤电厂的超低排放改造任务。

除提高能源利用效率外,长三角三省一市积极推进燃煤电厂的清洁能源改造,并通过扩大区外来电和非化石能源发电比例,逐步减少燃煤电厂的发电小时数,降低主要大气污染物排放量。《江苏省煤电节能减排升级与改造实施方案(2016—2017 年)》计划所有百万千瓦级煤电机组到 2016 年底达到超低排放,到 2017 年底所有 10 万千瓦及以上煤电机组均达到超低排放;《浙江省 2014—2017 年环境保护和建设三年行动计划》中提出到 2017 年全面完成省内燃煤热电机组超低排放改造。安徽省也积极推进现役煤电机组超低排放改造,预期在"十三五"末实现 30 万千瓦及以上现役燃煤火电机组的超低排放。"十三五"期间,上海市、江苏省、浙江省和安徽省也分别要求将火电厂平均供电煤耗下降至 296、298、

290 和 300 克标准煤/千瓦时,远严格于 310 克标准煤/千瓦时的全国指标。

### 三、挥发性有机物污染治理

近年来,我国的 $SO_2$、$NO_x$ 和烟粉尘排放控制取得明显进展,但 VOCs 排放量仍呈较快增长的趋势。作为产生二次污染物的核心前体物,VOCs 是协同控制臭氧污染、颗粒物污染和温室气体排放的关键。相对于 $SO_2$、$NO_x$ 和 $PM_{2.5}$ 污染治理,我国 VOCs 污染防治基础薄弱。自《大气污染防治行动计划》实施以来,我国开始在石化、有机化工、表面涂装、包装印刷等行业实施 VOCs 综合整治,出台了石化、炼油等行业排放标准,并加强 VOCs 监测监控等基础能力建设。2014 年原环保部印发《石化行业挥发性有机物综合整治方案》,要求到 2017 年基本完成石化行业 VOCs 综合整治,将 VOCs 排放量在 2014 年基础上削减 30% 以上。"十三五"期间,中国开始对 VOCs 实施总量控制,并设立了 10% 的排放总量下降目标。《"十三五"挥发性有机物污染防治工作方案》通过细化重点区域和重点行业的 VOCs 综合治理方案,计划在"十三五"期间逐步健全我国的 VOCs 污染防治管理体系。

江浙沪地区是我国 VOCs 污染治理的先行者。2011 年,上海市就在上海石化等四家重点化工企业开展 VOCs 控制试点。2014 年,上海市环保局印发《关于开展本市挥发性有机物(VOCs)排放重点企业污染治理工作》的通知,对 150 家 VOCs 排放重点企业进行"一厂一方案"的治理试点。在试点基础上,上海市将 VOCs 治理和减排方案进一步扩展到全市 2000 多家企业,并对这些 VOCs 减排工程效果进行核实评估。此外,上海市也通过工业源 VOCs 排放信息综合管理平台建设,对 VOCs 减排效果进行动态跟踪与评估。除工业源外,上海市也统筹加油站和储油库、汽修和餐饮等社会面源以及机动车等重要流动源,开展社会源的 VOCs 管控。

2012 年江苏省出台《关于开展挥发性有机物污染防治工作的指导意见》，要求各地尽快制订挥发性有机物污染治理年度计划，确定每年重点治理企业名单，从 VOCs 排放现状调查、建立治理档案、开展工业企业污染治理、完成加油站、储油库和油罐车油气回收治理、推广使用低挥发性有机物含量溶剂、开展 VOCs 排放监测监控、开展 VOCs 污染控制研究和定制重点行业 VOCS 排放标准等八个方面加快推动 VOCs 防治工作。浙江省也在 2013 年出台《浙江省挥发性有机物污染整治方案》，计划到 2015 年基本完成杭州、宁波、温州等 8 个重点城市化工行业的 VOCs 污染整治，使重点行业现役源 VOCs 排放总量比 2010 年下降 18％；到 2018 年，全面完成化工行业整治验收，形成完善的重点行业最佳可行技术指南。

在重点行业和重点企业试点的基础上，江浙沪两省一市陆续出台了多份指导文件，明确 VOCs 污染防治的重点行业、具体防控目标和阶段性实施方案，从健全环境标准、规范监测、加强监管执法和资金补贴等多方面推动长三角地区的 VOCs 排放源治理（见表 4 - 6）。2014 年上海市颁布并实施《上海市大气污染防治条例》，规定从源头、过程和末端对 VOCs 实施全过程管控，为上海市 VOCs 污染防治奠定法律基础。2013—2017 年，上海市陆续出台 8 项涉及 VOCs 的排放标准、11 项 VOCs 的减排及核算技术规范，初步形成了固定源 VOCs 排放标准体系。2015 年 10 月，上海市开始启动 VOCs 排污收费试点，利用经济杠杆倒逼企业 VOCs 减排。自 2017 年初，上海市 VOCs 排放收费试点的范围已基本涵盖所有重点排放行业。上海市也通过率先实施企业 VOCs 减排专项财政补贴，鼓励企业开展泄漏检测与修复、末端治理和在线监测，促进 VOCs 减排和治理。

表 4-6 "十三五"长三角 VOCs 排放控制目标①

| 地区 | 重点行业减排目标 |
|------|------------------|
| 上海市 | • 重点推进石化、化工、汽车及零部件制造、家具制造、木制品加工、包装印刷、涂料和油墨生产、船舶制造等重点行业 VOCs 治理<br>• 至 2020 年,VOCs 排放总量较 2015 年减少 20%,重点行业排放总量削减 50% 以上<br>• 大力推进交通、建设、生活等领域的 VOCs 治理工作 |
| 浙江省 | • 重点推进石化、化工、涂装、合成革、纺织印染、橡胶塑料制品、印刷包装、化纤、制鞋、储运等行业 VOCs 治理<br>  • 至 2020 年,VOCs 排放总量较 2015 年减少 20%;化工、工业涂装、合成革、制鞋和纺织印染行业 VOCs 排放量减少 30% 以上;石化行业排放量减少 40% 以上;包装印刷行业排放量减少 50% 以上<br>  • 加强储运过程油气回收治理,确保油气回收装置安装率 100%,并维持设施正常稳定运行 |
| 江苏省 | • 重点推进化工、表面涂装、合成革、橡胶和塑料制品、印刷包装、纺织印染、人造板制造、制鞋、化纤、电子信息行业的 VOCs 治理<br>• 到 2020 年,将 VOCs 总量控制在 149.6 万吨以内,比 2015 年下降 20%;重点工业行业 VOCs 排放总量削减 30% 以上 |
| 安徽省 | • 在石化、有机化工、表面涂装、包装印刷等重点行业推进 VOCs 排放总量控制,"十三五"期间排放总量下降 10% 以上<br>• 开展挥发性有机物污染源清单编制和减排核查评估 |

    作为 VOCs 污染治理的重点区域,长三角三省一市在"十三五"期间深入推动 VOCs 污染治理。"十三五"期间,我国将 VOCs 列入污染物总量控制计划,并为上海市、江苏省和浙江省设置了 20% 的 VOCs 排放总量削减目标,为安徽省设置了 10% 的削减目

---

① 来源:《上海市挥发性有机物深化防治工作方案(2018—2020 年)》《江苏省"十三五"节能减排综合实施方案》《浙江省大气污染防治"十三五"规划》和《安徽省"十三五"环境保护规划》。

标。2016年,长三角区域大气污染防治协作小组出台《长三角区域挥发性有机物污染防治协作建议》,要求以全面推动VOCs治理为重点,进一步推动区域大气污染联防联控。目前,长三角三省一市已经在VOCs治理政策和技术方面建立了常态化的交流机制,通过逐步提升环保标准和技术规范,利用经济激励政策和排污费杠杆,大力推动长三角区域VOCs协同深化治理。

### 四、交通部门大气环境准入

交通运输部门是长三角区域重要的空气污染排放源。长三角地区私人汽车拥有量一直保持高速增长。2005年至今,长三角区域的汽车保有量年均增速高达17.8%。截至2017年底,长三角三省一市民用汽车保有量已达4 078.5万辆,占全国民用汽车总量的20%左右。长三角区域的客运量和货运量分别占全国的17%和20%。机动车对长三角城市群交通污染贡献度高。上海、杭州和南京的大气源解析结果显示,机动车是长三角城市空气中$PM_{2.5}$污染的最主要来源之一,分别占污染物排放量的29.2%、28.0%和24.6%[78]。

随着长三角区域一体化程度不断加深,城市间车辆和船舶交互日益频繁。移动源的流动性使其率先成为长三角区域大气污染联防联控的重要领域。随着长三角区域车辆交互日趋频繁,周边城市车辆的同步异地监管问题日益突出。近年来,长三角地区纷纷制定机动车船污染减排工作方案和配套措施,从控制机动车保有量和使用强度、加速淘汰"黄标车"、积极推广新能源车、严格机动车排放标准、车用燃料清洁化以及船舶等非道路机械污染控制等方面采取综合措施,积极防治机动车船的尾气排放。

早在2010年上海世博会的空气质量保障中,长三角就已经尝试建立区域机动车污染控制联动机制,在上海、杭州和南京实施黄标车限行,并对进入上海的尾气超标车辆进行联动执法①。2014年,长三角地区开始建立机动车环保数据共享平台,通过共享和即时更新高污染车辆信息,为机动车管理、执法和处罚的区域联动打下基础。2015年长三角区域大气污染防治协作小组工作会议将高污染车辆以及港口和船舶的环境治理列为当前长三角区域大气污染防治工作的重点。长三角三省一市的环保、交通、公安三部门通过联动构建区域机动车信息共享平台,协同推进区域高污染车辆限行的执法,加速黄标车和老旧车辆淘汰。长三角区域一体化的移动源大气污染管理已经进入深入协作阶段。

1. 机动车保有量和使用强度控制

为了治理交通拥堵,改善环境,长三角地区积极实施控制机动车保有量和使用强度的总量准入、空间准入和时间准入政策,通过加强公共交通体系建设,鼓励绿色出行,降低机动车使用强度。控制机动车保有量的准入政策主要是指通过包括拍卖和摇号在内的车牌定额配给政策对机动车保有量的增长速度进行控制。控制车辆使用强度的准入政策包括通过限号、限行等措施限制私家车的出行,影响出行者的出行方式,缓解交通压力,降低空气污染程度。

由于交通拥堵的加剧,上海市从1994年开始实行车牌拍卖政策,严格限制机动车保有量的增长速度。《上海市清洁空气行动计划》提出要"坚持完善新增机动车额度总量调控措施,建立基于交通、环境、能源、民生等综合要素的额度控制和评估机制"。杭州市于2014年实施了有偿竞拍和无偿摇号相结合的汽车保有量控制政策。近期江苏省也提出要开展大型城市燃油汽车保有量及出行量控制研究,根据城市发展规划,适度控制燃油汽车增长速度和使用强度。

在时间和空间准入方面,长三角三省一市通过划定高污染车

---

① 黄标车是高污染排放车辆的别称,是污染物排放水平低于国Ⅰ排放标准的汽油车和国Ⅲ排放标准的柴油车。

辆限行区域和限行时间,扩大限行范围,加强限行区管理,控制机动车尾气污染。上海市早在 2005 年就开始对高污染车辆实施限制通行措施。从 2015 年 10 月开始,上海市对黄标车实施所有道路 24 小时的全面禁行。随着黄标车存量的不断减少,上海市机动车限行的重点也转为使用时间较长的老旧车辆,从 2016 年开始在外环限行 2005 年前注册的国Ⅱ标准汽油车。江苏省在 2014 年 6 月底前对所有省辖市划定了黄标车限行区,在 2014 年年底前在沿江 8 个省辖市各县(市)划定了黄标车限行区。浙江省计划在 2014 年底前全面实施黄标车区域限行,到 2015 年底前,全面淘汰黄标车,同时加快老旧车辆淘汰。

2. 黄标车淘汰和新能源汽车推广

黄标车是指尾气排放未达到国Ⅰ标准的汽油车和未达到国Ⅲ标准的柴油车。黄标车的尾气排放具有总量大、浓度高、排放稳定性差的特点。2015 年,我国国Ⅰ前标准汽车仅占汽车保有量的 1.6%,但是其排放的一氧化碳、碳氢化合物、氮氧化物和颗粒物分别占汽车排放总量的 38.2%、40.6%、30.8% 和 42.3%[79]。由于黄标车的高污染性,2013 年实施的《大气污染防治行动计划》将"加快淘汰黄标车和老旧车辆"列入行动计划,计划到 2017 年在全国范围内基本淘汰黄标车。

作为大气环境治理的先行者,上海市和浙江省计划到 2015 年完成剩余黄标车淘汰任务,在黄标车淘汰的基础上,加速淘汰高污染老旧车辆。江苏省计划在 2015 年年底前淘汰 2005 年年底前注册营运的黄标车、2000 年底前注册登记的微型、轻型客车和中型、重型汽油车以及 2007 年底前注册登记的中型、重型柴油车。目前,长三角三省一市已建成较完善的机动车环保检测和监管体系,通过限制使用、经济补偿和严格超标排放监管等方式加速淘汰老旧车辆、大力推广新能源汽车,改变机动车保有量结构。

近年来,长三角三省一市也不断加大清洁能源用车的发展力度,在政府机关和公交、环卫、出租车等行业率先推广清洁能源和新能源汽车,提高清洁能源用车比例。上海市计划到 2017 年将每年新增或更新的公共汽车中新能源车和清洁燃料车的比例提高到60％以上;浙江省计划在每年新增或更新的公共汽车中将清洁能源汽车的比例提高到 30％以上,全省营运公交车每年完成 10％左右的清洁能源改造;江苏省从 2012 年开始在南京、常州、苏州、南通、盐城、扬州等地开展新能源汽车推广试点,计划到 2015 年共推广使用 1 万辆以上新能源汽车。2015 年,江苏省新能源汽车的推广应用从 6 个国家试点城市扩大至全省 13 个省辖市。与此同时,江浙沪两省一市还通过加快布局、建设车用加气站、标准化充换电站等公共设施,加速提高长三角地区清洁能源汽车比例。

《上海市清洁空气行动计划(2018—2022 年)》计划在 2018—2020 年至少推广 4.3 万辆、5 万辆和 6 万辆新能源汽车,到 2022年实现出租、物流、环卫和邮政等行业新增车辆的电动化。江苏省计划在 2018—2020 年在全省推广 15 万辆以上的新能源车。江苏省和浙江省均计划到 2020 年使公交、环卫、出租、轻型物流配送车辆中新能源汽车的使用比例达到 80％。

3. 新车车辆环保准入

从 20 世纪末开始,我国参照欧盟做法,制定了第一、二阶段轻型汽车和重型柴油车排放标准(相当于 Euro I、Euro II 标准)。2005—2012 年间,我国陆续发布了第三、四阶段轻型和重型汽车排放标准以及第三、四、五阶段重型柴油车排放标准,不断提高机动车排放控制要求,逐步实现与国际标准的对接[80]。2013 年以来,我国进一步提高移动源排放标准体系。2013 年 9 月我国发布的第五阶段轻型车排放标准已经相当于欧盟正在实施的 Euro V排放标准。2016 年发布的中国第六阶段轻型车污染物排放标准是目前全球最严格的机动车排放标准之一。2018 年,我国发布第六阶段重型柴油车排放标准,实现了重型柴油车从发动机到整车达标排放管控的转变。目前,我国已建立了完善的道路车辆污染控制标准体系,并在部分地区实施了汽油车国六标准,在全国层面实施国五标准(见表4-7)。

**表4-7 我国新生产机动车排放标准实施进度**

| | | 1999 | 2000 | 2001 | 2002 | 2003 | 2004 | 2005 | 2006 | 2007 | 2008 | 2009 | 2010 | 2011 | 2012 | 2013 | 2014 | 2015 | 2016 | 2017 | 2018 | 2019 | 2020 |
|---|---|---|---|---|---|---|---|---|---|---|---|---|---|---|---|---|---|---|---|---|---|---|---|
| 轻型汽车 | 柴油车 | 无 | | 国I | | | | 国II | | | | 国III | | | | 国IV | | | | | 图V | | VI |
| | 汽油车 | 无 | | 国I | | | | 国II | | | 国III | | | 国IV | | | | | | 图V | | | VI |
| 重型汽车 | 柴油车 | 无 | | | 国I | | | 国II | | | | 国III | | | | 国IV | | | | 图V | | | VI |
| | 汽油车 | 无 | | | | 国I | | | 国II | | | | | 国III | | | | 国IV | | | | | |

严格的机动车排放标准是机动车污染控制的重要环境准入抓手。相比国五标准,国六b标准轻型车的氮氧化物和颗粒物排放量分别比国五标准下降42%和33%[①]。作为经济发达地区,长三角三省一市率先在全国实施了更高要求的机动车排放标准。上海市从2014年4月30日开始对轻型汽油车和用于公交、环卫和邮政的重型柴油车实施国五标准。江苏省和浙江省于2016年4月1日起对相关车型实施国五标准。2019年7月1日,长三角三省一市正式实施机动车国六a排放标准,提前进入"国六"时代。此外,三省一市通过禁止销售不符合相关排放标准的新车,对不符合要求的新车不予注册登记,对外地转入车辆实施与新车相同的排放标准等措施来加强新车的环境标准准入。

除了新车排放标准准入外,长三角三省一市也通过加强机动车环保定期检测和监管来保障机动车达标使用[81]。2014年浙江省发布《浙江省机动车排气污染防治条例》,强化车辆登记、检测、维修和报废的全过程管理;2015年,江苏省开始按照统一标准建设省、市、县三级机动车污染监管信息平台,规范包括检测机构的检测行为、环保分类标志管理、车辆淘汰报废以及定期不定期抽检等机动车尾气污染防治环节的监督管理。2015年年底前,江苏省

① 《轻型汽车污染物排放限值及测定方法(中国第六阶段)》(GB 18352.6—2016)是原环保部为了治理机动车污染物排放,改善空气质量所出台的最新标准,简称"国六"标准。"国六"标准分为"国六a"和"国六b"两个细分标准。"国六a"是"国五"和"国六"标准之间的过渡阶段。所有销售和注册登记的轻型车自2020年7月1日开始实施"国六a"标准,自2023年7月1日开始执行"国六b"标准。

已经建成机动车环保标志电子智能监控网络，提高机动车环境监管效率。

4. 燃油品质准入

车用燃油质量与机动车污染排放之间存在密切关系。然而，我国车用燃油供应长期滞后于机动车排放标准的实施要求，部分抵消了排放标准提升对大气污染防治的贡献。为促进车用燃油清洁化，2011 年原环保部发布《车用汽油有害物质控制标准》和《车用柴油有害物质控制标准》，指导重点区域的机动车污染防治工作。

为落实《大气污染防治行动计划》，国家发改委制定了《大气污染防治成品油质量升级行动计划》，提出到 2015 年底前在京津冀、长三角和珠三角等区域内重点城市全面供应符合国五标准的车用汽油和车用柴油。2015 年，国家发改委联合多个部门共同印发《加快成品油质量升级工作方案》，要求东部地区从 2016 年 1 月起全面供应符合国五标准的车用汽柴油。自 2019 年 1 月起，我国开始全面供应符合国六标准的车用汽柴油。我国油品质量升级开始追上机动车排放标准更新的步伐。

长三角三省一市一直先于国家要求实施油品升级。上海市在 2013 年年底前就对轻型汽油车和公交、环卫、邮政的重型柴油车实施国五排放标准，同时在全市供应国五标准的汽、柴油。江苏省在 2013 年年底前全面供应符合国四标准的车用柴油，并在 2015 年年底前，全面供应符合国五标准的车用汽、柴油。浙江省在 2013 年底前开始供应国四标准的车用汽油，在 2014 年底前供应国五标准的车用柴油，2015 年底前提供国五标准的车用汽、柴油。长三角三省一市还将原定于 2019 年元旦开始实施的国六油品标准提前至 2018 年 10 月 1 日。长三角三省一市按照"政府引导、市场推动、保障供应、强化监管"的思路，通过加强油品质量监督检查，鼓励企业加大投资力度，加快清洁油品的生产与供应。

5. 船舶和其他非道路移动机械污染控制

在逐步收紧机动车大气污染控制的同时,我国非道路移动源污染日益凸显。2007 年我国开始将非道路移动机械纳入移动源环保监管范围,发布第一项《非道路移动机械用柴油机排气污染物排放限值及测量方法》。2014 年,原环保部更新了非道路移动机械排放标准,进一步完善了污染物测量方法,收严了污染物排放限值,加强对非道路移动机械大气污染排放的控制。

长三角港口群是我国沿海港口群中港口分布最密集、吞吐量最大的港口群,拥有 8 个主要沿海港口和 26 个规模以上内河港口。船舶在航行和停靠在码头时需要燃烧大量重油或柴油进行发电,并在燃烧过程中会产生大量硫氧化物、氮氧化物和二氧化碳。港口船舶污染排放已经成为我国继工业企业排放和机动车尾气之后的第三大大气污染源。由于排放标准缺失和燃油质量等原因,国内内河、沿海航线的低标准船舶存在较为突出的污染问题,船舶大气污染防治工作刻不容缓。

船舶是移动污染源,需要区域协同推进才能实现有效治理。2015 年底,交通运输部印发《珠三角、长三角、环渤海(京津冀)水域船舶排放控制区实施方案》,设立船舶大气污染排放控制区,通过控制船舶的硫氧化物、氮氧化物和颗粒物排放,改善我国沿海和沿河区域港口城市的环境空气质量。该方案列出明确的船舶大气污染治理时间表,要求自 2017 年 1 月 1 日起,船舶在核心港口区域停泊靠岸期间应使用含硫量低于 0.5% m/m 的低硫燃油;自 2019 年 1 月 1 日起,船舶进入排放控制区后,必须使用低硫燃油等。

江浙沪两省一市积极开展船舶和非道路移动机械污染控制。《上海绿色港口三年行动计划(2015—2017 年)》计划到 2017 年将港口生产作业单位吞吐量的综合能耗和碳排放较 2010 年分别下降 7% 和 9%,港区 $PM_{2.5}$ 年均浓度比 2013 年下降 20%。上海市绿色港口建设包括推进港区船舶统一使用低硫油、推动船舶使用

"岸电"、推进港口轮胎式集装箱龙门吊等装卸设备"油改电"、推广港口液化天然气集卡等措施。江苏省和浙江省也大力推进内河船舶"油改汽"、港口运输机械"油改汽"和靠港船舶岸电系统建设。

作为我国大气污染联防联控重点区域,江浙沪两省一市于2016年4月1日起率先在长三角区域核心港口(上海港、宁波—舟山港、苏州港和南通港)建立长三角水域船舶排放控制区,分两个阶段针对船舶靠岸停泊期间实施低排放控制。在第一阶段,船舶排放控制区要求船舶在核心港口靠岸停泊期间使用含硫量不高于 0.5% m/m 的低硫燃油或采取连接岸电、使用清洁能源、尾气后处理等等效替代措施。第二阶段将于2020年启动,将对船舶进入排放控制区以及靠岸停泊期间实施更严格的污染控制措施[82]。

2017年9月1日起,长三角区域将船舶排放控制区建设从核心港口扩大到区域内的全部港口,提前实施交通运输部2018年的船舶排放控制要求。2018年10月1日,长三角船舶排放控制区核心港口再次提前实施交通运输部2019年船舶排放控制要求。目前,长三角船舶控制区已经进入常态化运作状态,各地在港口岸电应用、低硫油供应保障、港口区域大气污染监测和监管执法等方面有序开展工作。长三角区域也通过组织开展船舶排放控制联合督查等积极探索建立联合执法机制。

2018年底,交通运输部与长三角三省一市联合印发《关于协同推进长三角港航一体化发展六大行动方案》,开展内河航道网格化、区域港口一体化、运输船舶标准化、绿色航运发展协同化、信息资源共享化和航运中心建设联动化六大行动。"绿色航运发展协同化"通过提升港口资源利用效率、严格船舶排放准入和推进新能源和清洁能源应用等措施强化长三角水域船舶排放控制区的大气污染防治。长三角船舶排放控制区建设将持续推动长三角更高质量的一体化发展。

# 第三节　管理层面大气环境准入政策

## 一、大气污染源自动监控的准入政策

监测数据是环境管理的基础,其质量关系环境决策的科学性和政府的公信力。污染源自动监控系统是利用信息化技术,通过网络实时传输自动监测数据、视频等环境信息,实现对污染源的连续在线监管。污染源自动监控系统的应用会大幅提升污染源的环境监管效率。2005 年,原国家环保总局发布《污染源自动监控管理办法》,对自动监控系统的建立和管理做出明确界定。环保部门检查合格并正常运行的污染自动监控设备数据可作为环保部门核定排污申报、发放排污许可证,实施总量控制、环境统计、环保税征收和现场环境执法等环境管理政策的依据。

为规范污染源在线自动监控系统的建设,原国家环保总局制定了《污染源在线自动监控系统数据传输标准》,明确了多种环境监控监测仪器、传输网络和环保部门应用软件系统之间的联通标准。2007 年,原环保部制定了《固定污染源烟气排放连续监测技术规范(试行)》和《固定污染源烟气排放连续监测系统技术要求及检测方法(试行)》,进一步规范烟气排放连续监测系统的安装、运行及数据传输。

近年来,我国污染源自动监控设施及数据弄虚作假的现象屡禁不止。一些企业采用非正常手段干预监测数据,通过作假手段达到污染物排放达标,试图逃避环保部门的监管。2007 年原环保部出台《环保监测数据弄虚作假行为判定及处理办法》,明确监测数据造假情形认定,保障环境监测数据真实准确。新环保法也对篡改、伪造或者指使篡改、伪造监测数据的行为制定了明确的惩处规定,首次将监测数据质量问题上升到法律层面。“十三五”以来,我国开始加强污染源连续自动监测技术规范的修订,不断完善固定源大气监测技术规范体系。

长三角是全国污染源自动监测的先行者。2007年浙江省率先在全国启动重点污染源自动监控系统建设,通过出台配套政策和措施,规范仪器设备质量、系统安装、验收、检测比对等重要环节。"十一五"期间,浙江省就已建成覆盖所有省控重点污染源的主要污染物自动监控系统。截至2014年底,浙江省已对1411个省控以上的重点监管企业完成了自动监控终端的规范化建设和管理[83]。

上海市从2005年就开始大气污染源在线监测系统建设,并于2013年在重点产业园区试点大气污染物自动监控及预警系统。2014年,上海市发布《关于加快推进本市环境污染第三方治理工作指导意见的通知》,提出加强污染排放在线实时监测监控,进一步扩大重点污染源自动连续监测的实施范围,到2017年基本实现国家、市、区县三级重点监控企业自动连续监测全覆盖。此外,上海市率先在全国开展建筑工地扬尘在线监控系统试点。"十三五"以来,上海市陆续出台《上海市环境监测社会化服务机构管理办法》《上海市固定污染源自动监测建设、联网、运维和管理有关规定》《上海市环境监测数据弄虚作假行为调查处理办法》和《上海市扬尘在线监测数据执法应用规定》,对污染源自动监控系统的建设运行设立了更严格、细致的准入标准,进一步提高了自动监测数据的准确性和有效性,确立自动监测数据的可信度和权威性。

江苏省从"十二五"时期开始将环保监测体系建设纳入环保规划。2011年,原江苏省环保厅印发《江苏省污染源自动监控管理暂行办法》,并制定《省辖市国控重点污染源自动监控系统运行管理目标考核办法》《江苏省污染源监控中心运行管理制度》《关于实施国(省)控重点污染源自动监控设备运行管理责任包干制度的通知》等配套管理制度,规范了污染源自动监控管理的基本工作要求。为确保重点监控企业污染源自动监测数据的准确性、有效性,江苏省进一步印发《江苏省重点监控企业污染源自动监控设施验收指南》,规范重点监控企业污染源自动监控设施的验收程序。

尽管长三角地区污染源自动监控系统的运行水平已远高于国家考核要求,但离自动监控系统的有效应用仍有一定差距。首先,企业和运营维护方的责任意识都不太强。部分企业由于环保责任意识淡薄,缺乏规范运行自动监控设施的主动性。部分第三方运营维护方由于市场竞争激烈,存在以低价获取业务、玩忽职守帮企业伪造运维记录的现象[83]。其次,自动监控系统的数据质量控制体系尚未成熟。自动监控系统对工作环境要求较高,极易出现运行故障。不够严谨的监控数据质控体系进一步削弱了污染数据的时效性和可靠性。最后,自动监控系统对环保人员的专业技术要求较高。目前长三角在污染源自动监控方面的人员配备和专业技术能力保障仍十分不足。

## 二、大气污染的第三方治理准入政策

环境污染第三方治理通过引入市场机制,允许排污企业以合同的形式将产生的污染委托专业环保公司治理,实行专业化和社会化的环境治理[84]。第三方治理政策的实施可推动集约化治污和市场化运行,降低工业企业达标排放的成本,大幅提高治污效果。第三方治理也有利于环保部门集中监管,降低政府投入成本,为政府补充监管力量。

目前,我国排污企业和第三方治理企业之间的责任义务尚不清晰,难以有效保障各相关方的权益。由于制约机制不健全,环境服务企业常以过低的成本进入市场,导致行业低价无序竞争,严重损害第三方企业的环境服务质量,影响环境污染第三方治理模式的推行[85]。此外,由于缺乏严格规范的准入标准和监管,第三方治理企业的专业化和规范化水平参差不齐,难以有效引导第三方行业形成规范、诚信、自律的行业体系。第三方治理对我国环境监管带来了新的挑战和机遇[86]。

江浙沪两省一市的第三方治理起步早、发展快、治理水平和成果位居全国前列。"十一五"期间,上海市就将环保产业列为潜在的支柱产业。2014年,上海市印发《关于加快推进本市环境污染第三方治理工作的指导意见》,聚焦电厂除尘脱硫脱硝、有机废气治理、餐饮油烟治理、扬尘污染控制、污染源自动连续监测等7大重点领域开展第三方治理试点,计划到2017年底,形成"统一开放、竞争有序、诚信规范"的第三方治理市场机制。

　　长三角区域大气污染防治协作机制在成立之初就积极探索运用第三方治理等市场机制在区域内合理配置资源,推动区域环境治理水平的整体提升。目前,长三角区域正以电厂除尘脱硫脱硝、有机废气治理、餐饮油烟治理、扬尘污染控制、污染源自动连续监测等行业为重点领域,积极探索环境污染第三方治理的政府和市场监管模式[85]。

## 第四节　推进区域一体化大气环境准入的政策建议

　　严格环境准入是区域大气污染防治的重要抓手和源头管理措施。长三角三省一市需要从区域、行业和管理层面构建区域一体化的环境准入政策体系,规范大气污染源的排放行为,提高区域空气质量治理的效率,推动长三角空气质量改善。本节从区域大气污染防治的科技支撑机制和管理协调体系、区域大气环境红线的划定与管控、区域一体化的行业准入标准和区域一体化的污染源第三方管理市场五个方面提出推动区域一体化环保准入的政策建议。

### 一、构建区域大气污染防治的科学支撑体系

　　首先,长三角三省一市需要完善区域大气污染源排放清单编制指南,在各自省级清单编制的基础上统一编制范围和编制方法。区域清单编制指南不仅需要对污染物指标、污染源分类等进行明确的规定,还需要对数据的获得途径、质量保障、数据库建设、具体

核算方法、排放因子、核算结果的审核与校验等做出详细的规定，确保长三角和各省市污染源排放清单编制的统一性、科学性、可操作性和准确性。

其次，长三角区域需要确立科学合理的区域大气污染治理目标。建立科学全面、满足成本收益原则的区域大气环境质量目标是制定具体大气污染防治措施的科学基础，也是维护群众环境和健康权益的必然趋势。长三角区域大气污染防治目标的制定需考虑不同区域的公平性问题。三省一市以及各省市内部均存在社会经济发展不均衡，产业结构、污染程度、污染治理水平和能力差异显著等问题。长三角应结合区域大气污染传输规律，兼顾不同地区的利益追求、发展程度、污染状况以及总体生态功能规划，对不同地区实施空间差异的环境管理目标。

## 二、构建区域一体化环境准入的管理协调体系

"统一监测、统一标准、统一法规、统一考核、统一监管"的环境准入体系需要长三角区域构建相应的管理协调体系，持续推动区域环境准入的一体化进程。目前，长三角区域正以区域大气污染防治立法作为突破口，推进长三角区域立法协作。2014年起，长三角三省一市人大常委会就定期开展长三角区域立法工作协同座谈会，在协作机制、原则、项目遴选等方面形成共识。在环境标准对接方面，长三角已经初步建立区域环保标准制定与发布的信息共享机制，通过研讨会和文件交流等方式推动三省一市环保标准制定和修订工作的沟通借鉴。

为更好地推动长三角区域立法协作，长三角三省一市应构建区域大气污染防治立法、规划和标准等相关信息交流平台，通过相互学习、交流和借鉴，在法律法规制定之初就避免各地在相关法律法规、规划和标准等方面存在潜在冲突，逐渐形成区域环境联合决策与规划机制，完善长三角区域环境保护与污染治理的法律法规体系[87]。此外，长三角应构建区域规划环境影响评价会商制度，

对于可能产生跨行政区影响的大气环境红线区域,以及以石化、化工、有色金属、钢铁、建材等为主导的国家级产业园区规划的环境影响报告书进行省际会商。

### 三、强化大气环境红线区域的管控

在科学划定区域大气环境红线的基础上,长三角首先应构建以排污许可制度为载体的重点大气污染物总量控制制度。以排放量为核心与主线,长三角地区需合理分配初始排污权,设定不同区域的减排目标,进一步强化企业减排主体责任,建立全面有效、标本兼治的定量化、精细化污染物排放管理体系。

其次,长三角应积极推进区域大气环境风险管理,对大气环境红线控制单元实施更加严格的环境风险管理,禁止在大气环境红线区新建涉及有毒有害气体和易造成大气环境风险的各类项目,将已有的潜在环境风险企业迁出敏感区,通过区域限批和提高准入条件等方式,从源头上控制有毒有害气体的环境风险。

再次,长三角应建立有毒有害废气排放企业环境信息强制披露制度。长三角区域空气管理机构应在科学调研的基础上编制并发布区域有毒有害大气污染物及污染行业名录,排查现有的环境风险源,执行严格的空间准入政策。基于区域一体化的风险源数据库和区域有毒有害气体的自动化、网络化、智能化和信息化的报警平台,长三角应通过公众参与和监督加强区域大气环境风险管理能力建设,降低区域环境风险。

### 四、区域一体化的行业准入标准

长三角三省一市的行业环境准入存在较大的地区间差异。总体而言,江浙沪两省一市主要行业的大气环境准入标准制定基本保持较为一致的步伐,主要行业的产能控制及节能环保指标均严于国家标准要求,部分行业的污染物排放标准已经达到国际先进水平。安徽省大部分行业的污染物排放标准上仍与国内先进水平有不小的差距。

长三角地区需进一步统一区域环境准入和污染物排放标准，制定更加严格、相对统一的限制淘汰目录和行业节能环保准入标准，促使区域产业结构调整和优化升级。根据产业结构的趋同性，长三角应共同制定范围更广、标准更严格的产能控制准入政策、主要污染物排放标准和重点行业技术准入标准，配套完善环境信息公告制度和目标责任制度，避免在地区间出现环境竞次的"囚徒困境"和长三角区域内部的污染转移。同时，在主要行业的污染治理中，三省一市也应建立成熟的节能减排交流机制，逐步推动区域行业准入标准、淘汰目录和管理政策的统一。

随着交通部门对大气污染的贡献增加，长三角三省一市从车辆总量控制、严格机动车排放标准、车用燃料清洁化和非道路移动机械污染控制等方面，制定综合的环境准入政策，控制交通部门的污染排放。当前长三角区域大气污染防治协作主要聚焦高污染车辆和港口船舶的相关治理。长三角区域应在现有环境准入政策的基础上，建立并完善长三角机动车异地监管信息共享平台，强化机动车排放和油品质量的联合执法监管，推动区域交通大气污染协同防治。此外，长三角还应当通过优化货物运输结构、提升铁路货运比例、提高城市公共交通绿色出行比例等方式完善长三角绿色综合交通体系。

### 五、区域一体化的污染源第三方管理市场

区域环境空气质量管理中存在大量的污染源核定、排放量核算和排污监测等技术内容，超越地方基层环保部门和排污企业的专业技术能力[72]。长三角应加快提高区域自动监测数据的准确性和有效性，增强自动监测数据的应用能力和水平。针对污染源自动监控系统的运行要求、监控范围、数据应用等多方面管理需求，长三角区域空气质量管理机构应从区域层面设立更严格细致的准入标准，通过提升自动监控信息化水平，确立自动监测数据的

可信度和权威性，按照"以用促管"的思路加强污染排放的实时监控和数据应用。随着污染减排工作的推进，长三角地区应积极加强大气环境监测基础设施建设，在强化大气污染源自动监控的同时加快建立环境污染第三方监测、评估和监理机制，通过发挥第三方环境管理机构的专业化作用，减轻环保部门的工作压力，提高环境管理的科学性与有效性。

# 第五章

# 长三角区域一体化
# 的环境经济政策

　　环境经济政策是利用财政、税收、价格、金融和信贷等经济政策调节政府、企业和公众环境行为的政策措施。环境经济政策在发挥市场作用提高各利益相关方积极性、促进环保技术创新、提高资源能源配置效率、减少环境管理成本等方面具有显著作用。与传统的命令控制型政策相比，环境经济政策具有经济效率高、行政成本低、激励强度大、政策类型多样、灵活度高等特点，可为实现社会经济可持续发展提供内在激励。

　　长期以来，我国的环境管理模式依赖以政府为中心的行政命令型政策，环境经济手段处于辅助地位。为优化环境管理政策体系，我国自 2007 年开始全面启动环境经济政策体系建设。2011年，原环保部出台《"十二五"全国环境保护法规和环境经济政策建设规划》，从完善绿色税费体制、改革环境价格政策、深化环境金融服务、健全绿色贸易政策四个领域和建立排污权有偿使用和交易制度与生态补偿机制两项机制方面加快推动环境经济政策体系建设的步伐[88]。

　　十多年来，我国的环境经济政策体系已完成顶层设计，环境经济手段在环境保护中的作用不断提升[89]。2013 年 11 月，《中共中央关于全面深化改革若干重大问题的决定》明确提出建立系统完整的生态文明制度体系，着重强调了资源有偿使用制度和生态补偿制度等环境经济政策的建设。2014 年新修订的《环境保护法》

明确提出国家采用财政、税收、价格和政府采购等经济手段促进环保产业发展,并明确了生态补偿机制、环境污染责任保险和环境保护税费等环境经济政策的法制地位。2015 年 9 月,国务院印发《生态文明体制改革总体方案》对"资源有偿使用和补偿制度、环境治理和生态保护市场体系、生态补偿、排污权有偿使用与交易、环境税费、环境价格、环境金融等重点环境经济政策"提出了明确的建设目标[88]。

目前,我国已基本建立了行之有效的环境经济政策体系,在排污权有偿使用与交易、生态保护补偿、环境保护税和绿色金融等环境经济政策方面取得了突破性进展。环境经济政策已经深入"生产、流动、分配、消费"的全过程,调控范围不断扩大,调控功能持续增加[90]。生态环境保护经济政策体系建设已成为我国生态文明体制改革的"五大体系"之一,在我国社会经济高质量发展和生态环境保护中发挥更加重要的作用。

环境经济政策是建立环境保护长效机制的重要政策手段。2013 年国务院发布《大气污染防治行动计划》,要求发挥市场机制调节作用,通过完善价格税收政策和拓宽投融资渠道等环境经济政策加强重点区域的大气污染防治。2015 年新修订的《大气污染防治法》明确规定国家推行重点大气污染物排污权交易,采取财政、税收、政府采购等措施推广节能环保型和新能源机动车船、非道路移动机械等环保移动设施的应用,并要求地方政府加大对大气污染防治的财政投入。2018 年《打赢蓝天保卫战三年行动计划》强调将环境经济政策作为打赢蓝天保卫战的重要保障措施。面对"十三五"时期经济社会新常态、生态文明制度改革和环境管理转型的新要求,长三角地区亟须强化环境经济政策建设,发挥市场在资源配置中的决定作用,处理好政府与市场、价格与规制以及公共产权与私人产权之间的关系[91]。

作为东部发达地区,长三角区域一直积极开展环境经济政策试点工作。目前,长三角已初步建立了由环境投融资政策、环境财政政策、环境税费政策、环境信用政策、绿色金融政策和环境市场政策等多种经济手段组成的环境经济政策体系[92]。作为大气污染防治的重点区域,长三角地区在加大污染防治财政投入的同时通过完善环境价格、环境金融等环境经济政策提高污染企业的准入门槛,倒逼高污染行业的转型与退出,从根本上改善长三角地区的结构性污染[93]。2016 年初,原环保部开始研究长三角区域大气排污权交易试点,计划通过市场机制促进污染减排和环境空气质量改善。长三角区域也积极探索区域一体化的环境信用体系和绿色供应链体系,通过环境经济政策支撑常态化的区域污染联防联控。

本章将从环保投融资政策、环境财政政策、环境税费政策、环境信用政策和大气排放权交易制度五方面系统梳理长三角地区主要环境经济政策的发展历程和所面临的阻碍,为构建和优化长三角区域一体化的环境经济政策体系提供政策建议。

## 第一节　区域环境经济政策的发展现状

### 一、环保投融资政策

环保投资是落实我国环境保护基本国策和实施可持续发展战略的重要保障。近年来,我国的环保投入规模增长迅速。"十一五"期间我国全社会环保投资总额较"十五"时期增长 157.4%。"十二五"期间环保投资也比"十一五"期间增长了 92.8%。十余年来,我国已基本建立了市场条件下的环保投入机制和较为完善的环境公共财政预算体系,环保投入总量呈稳步上升趋势。2017年,我国环境污染投资总额达到 9 539 亿元,占国内生产总值的比重为 1.15%。

为推动重点区域大气污染防治,2013 年我国设立中央财政大气污染防治专项资金。2013—2017 年间,中央累计投入 538 亿元大气污染防治专项资金,撬动了 1 000 多亿元地方投入。2019 年,中央大气污染防治资金预算增加至 250 亿元。大气专项资金也通过"以奖代补"和"竞争性分配"的方式推动环保投资的绩效管理。近年来,各级政府部门出台了多项促进环保产业发展的利好政策,积极引导社会资本进入环保基础设施领域[89]。随着社会经济的快速发展和环保投资市场改革的深入,我国环保融资机制正向政府、企业和其他非政府机构等多元化投资渠道发展。

　　2019 年,长三角三省一市共获得 12.22 亿元中央财政大气污染防治资金。作为中国经济最发达的区域之一,长三角地区一方面将大气污染防治纳入当地国民经济和社会发展规划,保障环境保护资金投入,另一方面积极探索建立多元化的环保投入机制。2015—2017 年,上海市环境保护投入从 708.8 亿元增长至 923.5亿元,占 GDP 的比重从 2.82% 增加至 3.10%。上海市通过奖励、补贴等环境经济政策支持并引导重点行业治理示范项目建设、污染企业结构调整以及面源和社会源治理,并将建设大气污染监测监管能力、科技支撑和执法监督等经费纳入政府的预算保障体系。江苏省也逐步加大省级财政对大气污染防治的支持力度,探索建立"政府引导、市场运作、社会参与"的多元环保投入机制。2017年,江苏省政府与华融天泽投资有限公司共同设立总规模 800 亿元的江苏省生态环保发展基金,致力于江苏省的生态治理和环境保护。尽管三省一市都积极拓展大气污染治理投融资渠道,但是长三角仍缺乏区域层面统一的环保投资联动政策[92]。长三角三省一市亟须在环保基金领域开展区域联动试点,通过设立统一的区域环保基金来推动整个长三角大气污染防治工作公平、有效地开展。

**二、环境财政政策**

　　环境财政政策是指将公共财政用于环境治理的相关奖励、补贴政策。财政补贴是政府投资环境污染治理的重要途径。在空气质量管理中,政府可通过向相关单位和人员提供财政补贴、税收优惠等手段来激励其采取大气污染减排行为。随着环保投入的不断增加,我国已经基本确立了环境财政政策的制度框架。2011—2017年,长三角发布的176项环境经济政策中近40%是环境财政政策[92]。在大气污染方面,长三角三省一市在燃煤控制、工业源清洁生产改造、黄标车和老旧车辆淘汰、新能源汽车推广等领域通过环境财政政策有效推动各类减排措施的实施,不断强化污染防治力度。本节将以新能源汽车补贴、环保电价和可再生能源电价附加补贴为例简述环境财政政策在长三角地区的实施情况。

1. 新能源汽车补贴政策

为促进新能源汽车产业的发展,我国从供给和需求两个层面出台了系列扶持政策。供给侧方面,我国自2001年起就设立了多项新能源汽车技术研发课题,为企业技术研发给予适当经济补贴。2009年起,我国进一步加强对相关基础设施建设的政策扶持,在试点城市建设充电站和充电桩,为推广新能源汽车奠定基础;需求侧方面,我国自2012年开始对符合条件的新能源汽车进行税收减免。截至2018年底,工业和信息化部和国家税务总局已经联合发布了六批《享受车船税减免优惠的节约能源使用新能源汽车车型目录》和二十二批《免征车辆购置税的新能源汽车车型目录》。

2009年以来,中央财政开始大力推广新能源汽车。2009年,我国启动"十城千辆节能与新能源汽车示范推广应用工程",并在2010年将试点城市扩展到25个城市。针对试点城市,中央政府出台《节能与新能源汽车示范推广财政补助资金管理暂行办法》和《私人购买新能源汽车试点财政补助资金管理暂行办法》,对公共服务领域和私人购买和使用的混合动力汽车、纯电动汽车和燃料电池汽车等节能与新能源汽车给予一次性定额补贴,并要求地方财政在此基础上安排专项资金,补贴节能与新能源汽车的购置、配套设施建设以及维护保养等。为持续提高新能源汽车的清洁水平和质量,国家逐步提高新能源车辆的补贴标准,并逐年下调补贴额度。

上海市,江苏省的南京、常州、苏州、南通、盐城和扬州六市,浙江省的杭州、金华、绍兴、湖州、宁波五市以及安徽省的合肥和芜湖两市是我国首批新能源汽车推广应用试点城市。为支持试点城市的新能源汽车推广工作,三省一市在国家补贴政策的基础上也出台了一系列地方性补贴政策。各地区补贴门槛有所不同。上海市在燃料电池汽车方面的补贴力度较大。浙江省试点城市在纯电动客车、专用车、插电式混合动力客车和乘用车方面的补贴力度较大。江苏省试点城市在纯电动乘用车方面的补贴力度略大于其他城市。与全国的补贴要求相比,上海市对客车续驶里程补贴要求更高。"十二五"期间,江苏省和浙江省运用省级财政资金将车辆配置和充电基础设施的补贴范围由试点城市进一步扩大到全省范围。

《上海市清洁空气行动计划(2018—2022年)》预期2018年至2020年间上海市新能源汽车推广数量每年分别不低于4.3万辆、5万辆和6万辆,新增和更新公务用车中新能源车的比例大于80%以上。江苏省计划在"十三五"期间推广25万辆新能源汽车,到2020年累计建设约17万个充电桩,满足20万辆新能源汽车充电的需求。浙江省预期在"十三五"期间累计推广23万辆以上新能源汽车,到2020年杭州和宁波市所有公交车全部更换为新能源汽车。安徽省更多强调新能源汽车的产能规划,预期2020年新能源产销量达到15万辆左右,在公共服务领域加快推广新能源汽车。

充电基础设施是新能源汽车推广的基础和保障。在电动汽车充电设施建设方面,三省一市的补贴政策也有所不同。2017年,上海市在建设阶段对符合扶持条件的充换电设施给予30%的财政资金支持,并对直流和交流充电设施分别设立600元每千瓦和300元每千瓦的补贴上限。在运营阶段,上海市对公用充换电设施给予 0.2 元/千瓦时的补贴。江苏省宿迁市区对新建充电设施建设分别给予交流充电桩每千瓦 600 元和直流充电桩每千瓦 900 元的一次性补贴。除了建设补贴外,江苏省南京市还对月均充电时长超过 20 小时的新建充电设施给予运营补贴。浙江省杭州市对所有投资建设的公共充换电设施按实际投资额(不含土地)的 25% 进行补助。安徽省通过给予消费者 0.6 元/千瓦时的补贴,新购纯电动车个人用户 2000 元电费补贴等方式对充电桩使用实施补贴。

除此之外,上海市于 2013 年修订《上海市鼓励购买和使用新能源汽车暂行办法》,设置新能源汽车专用牌照额度。对于购买新能源汽车用于非营运且个人消费者名下无在本市注册登记新能源汽车的消费者,上海市免费发放专用牌照额度。杭州市也从 2016 年 4 月 5 日起对新能源汽车采取不限牌不限行政策,鼓励新能源汽车的推广。

2. 环保电价政策

燃煤发电机组脱硫脱硝除尘设施的建设和改造是减少大气污染物排放、实现环境空气质量改善目标的重要措施。脱硫脱硝和除尘设施建设会增加发电企业的建设与运营成本,提高发电成本,降低企业的利润空间。在竞价上网的电价管理体制下,电力企业缺乏大规模削减各类污染物排放的动力。2007 年,国家发改委出台《燃煤发电机组脱硫电价及脱硫设施运行管理办法(试行)》,要求新、扩建燃煤机组必须按照环保规定同步建设脱硫设施,并对上网电价实施每千瓦时 1.5 分钱的电价补贴。脱硫电价补贴有效地促进了"十一五"以来我国电力行业二氧化硫的减排。2008 年,电力行业二氧化硫排放量比 2005 年降低了 19.7%,远高于全国二氧化硫排放总量的降幅。

为提高火电企业脱硝的积极性,国家发改委从 2011 年 12 月起对安装并正常运行脱硝装置的燃煤电厂实行脱硝电价,通过每千瓦时加价 8 厘钱的方式弥补电厂的脱硝成本。2013 年,发改委进一步调整了燃煤发电企业的环保电价标准,将脱硝电价的补贴标准提高到每千瓦时 1 分钱,并对采用新技术进行除尘设施改造并经环保部门验收的燃煤发电企业给予每千瓦时 0.2 分钱的除尘电价补贴。环保电价对调动燃煤电厂安装环保设施的积极性,减少大气污染物排放发挥了重要作用。

2015 年底,原环保部、国家发改委和能源局联合发布《全面实施燃煤电厂超低排放和节能改造工作方案》,要求"新建燃煤发电项目原则上要采用 60 万千瓦及以上的超超临界机组,平均供电煤耗低于每千瓦时 300 克标准煤,到 2020 年,现役燃煤发电机组改造后的平均供电煤耗低于每千瓦时 310 克标准煤"。为引导燃煤电厂超低排放,三部门也联合发布《关于实行燃煤电厂超低排放电价支持政策有关问题的通知》,"对经所在地省级环保部门验收合格并符合上述超低限值要求的燃煤发电企业给予适当的上网电价支持。其中,对 2016 年以前已经并网运行的现役机组,政府在其统购上网电价基础上加价每千瓦时 1 分钱;对 2016 年之后并网运行的新建机组,在其统购上网电价基础上加价每千瓦时 0.5 分钱"。

为加强环保电价政策的运行管理,2014 年 3 月国家发改委和原环保部联合印发《燃煤发电机组环保电价及环保设施运行监管办法》,对"单项污染物排放浓度超过限值 1 倍以内的机组,没收环保电价款,不予罚款;超过限值 1 倍及以上的机组,处 5 倍以下罚款;对在线监测等数据弄虚作假的行为,予以严惩"。在此基础上,《江苏省燃煤机组脱硫补贴电价扣减资金使用管理办法》规定脱硫补贴电价扣减资金主要用于以下途径:1) 运行和维护在线烟气监控系统;2) 为便于脱硫设施监管对烟气旁路实施拆除、铅封等措施费用;3) 电力企业脱硫设施和烟气在线监控系统的第三方运营费用;4) 电力企业脱硫设施的维修与改造;5) 省政府确定的其他与发电企业脱硫相关的项目。

目前,我国已经形成了针对燃煤电厂的包括脱硫、脱硝、除尘和超低排放在内的一整套环保电价政策体系[94]。环保电价补贴最高可达每千瓦时 3.7 分,有效促进了燃煤电厂的大气污染减排。截至 2017 年,我国统调燃煤发电组已基本完成了脱硫、脱硝和除尘的改造。2005 年至 2016 年,我国二氧化硫排放绩效从每度电 6.36 克下降到 0.39 克,氮氧化物排放绩效从每度电 3.62 克下降到 0.36 克[90]。

在国家环保电价政策的指引下,长三角三省一市也在相关文件中落实了脱硫、脱硝、除尘和超低排放电价等环保电价政策,并先于全国提前实施超低排放电价。为鼓励企业加强脱硝设施的运行管理,提高污染治理设施的综合运行效率,上海市于 2013 年发布《上海市燃煤电厂脱硝设施超量减排补贴政策实施方案》,对完成"低氮燃烧+SCR"脱硝工程并投入运行、综合脱硝效率达到 70% 及以上的电厂燃煤机组进行为期三年的电价补贴。超量减排的补贴标准按不同的综合脱硝效率和脱硝工艺进行分级分类补贴。

长三角地区不断提高的生态环境投入推动了区域环境质量的改善。随着大气污染治理重点由传统的二氧化硫和氮氧化物转变为挥发性有机物等新型污染物,长三角三省一市的环境财政政策也逐渐由电厂脱硫脱硝除尘、清洁能源替代等转向挥发性有机物治理补贴。2015 年上海市专门出台工业 VOCs 减排扶持办法,明确了 VOCs 减排企业污染治理项目的补贴对象、标准、条件和相关申请流程。此外,长三角区域也需要继续强化对环境财政政策的监管,提高资金利用效率,推动环境财政投入机制向绩效改进导向完善。

### 三、环境税费政策

环境税费政策是我国环境管理的一项基本制度。我国自 1982 年开始实施排污收费制度。2003 年,国务院颁布《排污费征收使用管理条例》,将排污费从超标收费改为总量收费,从单因子收费改为多因子收费，从分级征收管理改为属地征收、分级管理，实现排污费收支两条线管理，全额用于污染治理。"十二五"期间，排污收费制度将 VOCs 也列入废气类污染物覆盖范围。2015 年发布的《挥发性有机物排污收费试点办法》要求直接向大气排放 VOCs 的试点行业企业缴纳排污费。

2016 年 12 月 25 日，我国颁布《环境保护税法》，并于 2018 年 1 月 1 日起施行。《环境保护税法》对《排污费征收使用管理条例》进行"费改税"平移，是我国第一部专门体现绿色税制的单行税法。《环境保护税法》规定所有直接向环境排放应税污染物的企事业单位和其他生产经营者都是环保税的纳税主体。征税对象包括大气污染物、水污染物、固体废物和噪声四类。各地政府可统筹考虑本地区环境承载能力、污染物排放现状和社会经济发展目标确定当地应税大气污染物和水污染物的具体税额。2018 年前三季度，全国共对大气污染物征收 135 亿元税收，占总环保税的 89.8%[95]。环保税的实施对健全环境保护的激励与约束机制，构建长三角区域大气污染防治的长效机制具有重要意义。

长三角地区是我国环境税费制度试点的先行者。1979 年 9 月，江苏省苏州市率先对 15 家企业开展排污收费试点工作。1982 年前后，江浙沪两省一市陆续出台排污收费和罚款的管理规定，对排放污染物超过国家和地方标准的企事业单位征收排污费。2003 年《排污费征收管理使用条例》颁布后，长三角三省一市积极推动排污收费体系改革，陆续修订排污费的征收和使用办法。为进一步提高排污收费制度对企业减排的经济刺激，长三角三省一市自 2007 年开始逐步调整排污收费价格。以 $SO_2$ 和 $NO_x$ 为例，江苏省于 2007 年起在全国率先提高废气排污费的征收标准，由每污染当量 0.6 元提高到 1.2 元。2009 年上海市制定分阶段的排污费征收标准提升计划，在 2013 年将 $SO_2$ 和 $NO_x$ 的排污费征收标准提高到 1.3 元/当量。

为进一步提高污染治理水平，2014 年发改委发布《关于调整排污费征收标准等有关问题的通知》,将部分主要污染物排污费征收标准提高1倍,并提出根据达标状况实行差别收费。2015年1月,上海市开始按照"先低后高、分步实施"的基本原则,在"十二五"期间分三阶段逐步提高 $SO_2$ 和 $NO_x$ 的收费标准。江苏省也于2015年10月中提出分阶段调整排污费征收标准的方案。2016年1月至2017年12月,江苏省将废气中 $SO_2$、$NO_x$ 和烟尘等污染因子排污费征收标准调整为每污染当量3.6元。2018年1月起,江苏省再将上述征收标准调整为每污染当量4.8元。为进一步激励企业减少污染物排放,上海市和江苏省在提高排污费征收标准的同时也开始实行差别化收费,针对超排放总量指标、超浓度标准、淘汰类工艺装备和产品等排污行为加倍征收排污费,并对排放浓度控制效果突出的企业减半征收排污费。

除传统大气污染物外,长三角三省一市率先针对重点行业的VOCs排放制定排污费征收工作方案(见表5-1)。上海市和安徽省是我国最早实施VOCs排污收费政策的省份。2015年,上海市印发《上海市挥发性有机物排污收费试点实施办法》,从2015年10月开始分三阶段对12大类VOCs排放行业征收排污费,征收标准为10元/千克。自2016年7月起,上海市将VOCs征收标准提高为15元/千克,自2017年1月起,征收标准调整为20元/千克[①]。安徽省对石油化工和包装印刷行业实施1.2元每污染当量的VOCs排污费征收标准。江苏省和浙江省也分别于2015年和2016年发布相关通知,提出了分阶段的VOCs排污费征收方案,征收行业为石油化工和包装印刷行业,收费标准为3.6元/当量。2018年1月起,江苏省和浙江省将VOCs排污收费标准提升至4.8元/当量。

---

① 2015年10月,上海市试点行业包括国家要求的石油化工和包装印刷行业,也包括上海市新增的涂料油墨、船舶工业和汽车制造行业。2016年7月1日,上海市新增了工业涂装(主要涉及设备制造、机械制造等行业)和工业涂布行业。2017年1月1日,上海市新增医药制造、家具制造、电子产品、橡胶制品和木材加工行业。

表 5-1 长三角地区 VOCs 排污费征收标准

| | 试点行业 | 收费标准 |
|---|---|---|
| 上海 | 石油化工、包装印刷、涂料油墨、船舶工业、汽车制造、工业涂装、工业涂布、医药制造、家具制造、电子产品、橡胶制品、木材加工 | 1. 2015.10—2016.07:10 元/千克<br>2. 2016.07—2017.01:15 元/千克<br>3. 2017.01—2017.12:20 元/千克 |
| 江苏 | 石油化工、包装印刷 | 1. 2016.01—2018.01:3.6 元/当量<br>2. 2018.01—2017.12:4.8 元/当量 |
| 浙江 | 石油化工、包装印刷 | 1. 2016.07—2018.01:3.6 元/当量<br>2. 2018.01—2017.12:4.8 元/当量 |
| 安徽 | 石油化工、包装印刷 | 3. 2015.10—2017.12:1.2 元/当量 |

环境保护税的开征推动了费税制度的平稳转换。环保税的税收全部归地方国库,各地政府可依据国家法定额度统筹本地区承载能力、污染物排放现状和社会经济发展情况制定差异化的税额标准。作为地方收入,环保税能够有效调动地方政府防治环境污染的积极性。此外,环保税通过差异化的税收政策来激励企业绿色创新。当纳税人排放的应税污染物浓度值低于国家或地方污染排放标准 30% 时,按 75% 征收环保税;低于国家或地方标准 50% 时,按 50% 征收环保税。差别化税收旨在通过奖优罚劣增加企业的减排动力。"企业申报、税务征收、环保协同、信息共享"的环保税征管模式也对规范政府行为,提高监管力度起到积极作用。

《环境保护税法》要求各地区可因地制宜对大气污染物按照每污染当量 1.2 元至 12 元的税额幅度征税。长三角三省一市也制定了当地的环保税税额标准。安徽省按最低税额制定了每污染当量大气污染物 1.2 元的税额。浙江省的税额标准略高于最低税额,对主要大气污染物征收每污染当量 1.2 元的最低税额,对四类重金属污染物征收每污染当量 1.8 元的税额。江苏省按地域将环保税额分为三档,南京市征收每大气污染物当量 8.4 元的税额,无锡、常州、苏州和镇江四市征收每污染当量 6 元的额度,其他省份的征收额度为每污染当量 4.8 元。上海市设立了阶段性的过渡税额,在 2018—2019 年间对 $SO_2$ 和 $NO_x$ 分别实施每污染当量 6.65 元和 7.6 元,其他污染物每污染当量 1.2 元的税额标准。自 2019 年起,上海市将 $SO_2$ 和 $NO_x$ 的税额标准分别提高到每污染当量 7.6 元和 8.55 元。

环境税费政策是长三角地区加强环境保护、促进污染防治的重要环境经济政策。差别化的环保税政策也在刺激企业积极减排,主动降低污染排放方面发挥了积极的引导作用。此外,环境税费政策还为区域大气污染治理和环保机构能力建设提供了资金支撑。环保税在长三角的征管实践也对长三角区域大气污染联防联控提出挑战。

首先,长三角区域部分省份的应税大气污染物排放标准偏低,对企业提供的污染治理激励力度较低。针对主要应税大气污染物,浙江省和安徽省仅征收每污染当量 1.2 元的最低税额标准。但是上海市的大气污染物税额是最低税额的 5.5~7.1 倍,江苏省税额是最低税额的 4~7 倍。浙江和安徽省较低的税率标准不能对污染者主动采取污染减排措施提供应有的激励。面对区域性大气污染,三省一市差距甚大的环保税额标准也会产生区域内污染转移的问题。

其次,环保税的实施弱化了针对 VOCs 的环境税费政策。当前我国《环境保护税法》的课税范围较窄,应税污染物种类中并没有专门列出 VOCs。由于 VOCs 种类较多,征管比较复杂,绝大多数 VOCs 并没有被列入大气污染物税目。随着环保税的实施,我国自 2018 年起在全国范围内停止征收 VOCs 排污费。长三角三省一市自 2015 年以来的 VOCs 排污收费试点经验没有得到传承。被列入应税大气污染物的部分 VOCs 的环保税率也远低于江浙沪地区试点阶段的 VOCs 排污收费标准。随着长三角大气污染联防联控的焦点向 VOCs 转变,长三角三省一市亟须在 VOCs 排污收费试点基础上将 VOCs 纳入环保税的税目中,运用绿色税收杠杆推动 VOCs 治理。

第三,目前"企业申报、税务征收、环保协同、信息共享"的环保税征管模式在实际征收过程中也面临环保部门征管职能不明确,征缴水平不足、环保复核要求不明确等问题。由于企业财务人员和税务征收部门缺乏相关的环保知识,环保税纳税人基础信息采集难度大。长三角区域需要细化环保部门职责,统一环保部门和税务部门的执行口径,推动三省一市的税负公平。此外,长三角地区也亟须推进第三方纳税服务,提高环保税基础信息采集的准确性和时效性,推动绿色税收体系的完善。

### 四、环境信用政策

企业环境行为信用评价是基于信息公开督促企业持续改进环境行为,逐步建立企业环境保护"守信激励、失信惩戒"长效机制的新型环境管理手段。近年来,企业环境信用体系的建设加速了我国环境金融体系的改革进程。2015 年 12 月,原环保部和发改委联合印发《关于加强企业环境信用体系建设的指导意见》,要求各地环保部门在"十三五"期间基本建立企业环境信用信息系统,并接入全国统一的信用信息共享交换平台,实现环境信用信息互通互联,推动企业环保守信激励和失信惩戒机制建设。"十三五"以来,一些地方政府也将社会信用体系建设与绿色信贷相结合,积极推动金融机构在银行信贷、信用担保和风险管理,以及证监部门在证券发行和监管等方面充分利用企业环境信用信息[88]。

长三角是我国构建企业环境信用体系的试点地区,也是探索区域环境信用一体化的先行者。2000 年,江苏省开始试点企业环境信息评级,尝试构建企业环境行为与绿色信贷之间的联系。企业环境信息评价包括污染防治、环境管理和社会影响三类共 21 项评价指标。企业评级的结果从高到低依次被分为绿色、蓝色、黄色、红色和黑色 5 个等级[96]。作为绿色信贷政策最早的试验区之一,常州市自 2011 年起每月对市域内企业进行一次"动态评级",并将评级结果与银行的企业信贷挂钩,实现环保政策与信贷政策的联动。常州市金融部门将企业环境信息作为贷款审批和贷后检查的重要参考,制定了信贷客户环境准入机制,加强信贷风险防范。

2004 年,浙江省也启动企业环保信用评价工作,并于 2007 年颁布《浙江省企业环境行为信用等级评价实施方案》,详细规定了企业环境行为的信用等级评价工作,并逐步将企业环保信用等环境信息纳入人民银行的征信系统,构建企业环保信息交流平台。2011 年,浙江省环保部门与所在地的金融监管机构联合印发《关于推进绿色信贷工作的实施意见》,并共同签署了《浙江绿色信贷工作合作备忘录》。2012 年,浙江省银监局印发《浙江银行业金融机构加强绿色信贷工作的指导意见》,从组织管理、工作制度、沟通机制等多方面规范辖区内的绿色信贷工作,并要求金融机构对绿色信贷实行"一把手负责制"。目前,浙江省已构建了绿色信贷信息共享平台,收录企业基本情况、环境行为信用评级、排污许可证、强制性清洁生产审核、挂牌督办、环保信访、违法违规处罚、环评审批和竣工验收等 10 类信息[97]。在此基础上,浙江银行业严格实行绿色信贷"全流程管理制"、环保违规"一票否决制"和差别化授信管理等一系列绿色信贷政策。

企业环境信息行为评价和公开是长三角在环境管理一体化方面最早的尝试。2009 年,江苏省、浙江省和上海市的环保部门联合印发《长江三角洲地区企业环境行为信息公开工作实施办法(暂行)》和《长江三角洲地区企业环境行为信息评价标准(暂行)》,通过统一区域企业环境行为信息评价标准,推动区域企业环境监管的一体化。环境行为评价的对象包括区域内所有的国控和省控企业,也鼓励其他企业自愿参加。长三角各省市每年对辖区内参评企业的环境行为等级进行评估,并在每年六月五日世界环境日前向社会公开。环保部门会将评价信息向金融、工商和证监部门通报，并纳入社会信用体系。各部门也会根据环境信息对"绿色"评级的企业以优先安排环保专项资金项目、减免上市环保核查程序、推荐评优创先等方式予以鼓励，对评级两次以上为"黑色"的企业以依法责令停产整治等方式予以惩罚。每年一次的企业环境信息评价和公开会对企业产生外部压力，倒逼企业持续改进其环境行为。但是一年一度的评估缺乏时效性，无法有效支撑绿色信贷等绿色金融政策的实施。

2018 年，长三角成为我国首个区域信用合作示范区。环保领域信用一体化是长三角区域信用合作的先行领域。2018 年 6 月 1日，长三角三省一市信用办和环保部门联合签署《长三角地区环境保护领域实施信用联合奖惩合作备忘录》，明确了三省一市在环保信用领域的合作内容，确立了区域环保领域企业严重失信行为认定标准，实现失信行为标准区域互认，并探索建立跨区域联合激励机制，加大对环保诚信企业的正向引导。

《长三角地区环保领域企业严重失信行为认定标准（试行）》依托原环保部 2013 年发布的《企业环境信用评价办法（试行）》，细化了 14 项"一票否决"的环保领域企业严重失信行为认定标准。失信行为评判标准互认通过识别长三角区域内企业的环境行为，形成区域环境保护管理标准，为跨区域企业环保信用联合奖惩奠定基础。《长三角地区环保领域企业严重失信行为联合惩戒措施（试行）》确立了覆盖行政惩戒、社会惩戒、市场惩戒和行业惩戒四个方面，包括"限制市场准入、限制获取专项基金、取消优惠政策、限制金融服务、限制评价评优、披露失信信息、加强行业自律及其他"的8 类共 40 项惩戒措施。联合惩戒的对象最初以重点排污单位为主，将逐步扩大到所有排污企业、机动车、第三方环境治理机构和环保从业人员。

依托"中国长三角"网站，长三角三省一市建立了全国首个跨区域信用平台——"信用长三角"。"信用长三角"平台实现了长三角地区环境领域公共信息的收集共享。三省一市依据区域环保领域严重失信行为认定标准,形成了区域严重失信企业名单,并通过"信用长三角"平台实现共享。"信用长三角"依据统一公示发布要求对失信企业的相关信息进行披露,并推送至三省一市的行政、社会、行业和市场等相关联合奖惩部门,实现区域环保系统与各业务部门之间的环保信用信息交换共享。三省一市根据共同确定的联合奖惩措施,在行政审批、市场准入、金融服务、综合监管和行业自律等方面及时实施全过程信用管理和联合惩戒。

环境信用政策是以信用为核心的新型环境市场政策。长三角三省一市通过共享互通区域环境信用信息和跨区域联合奖惩,联合推动区域环境信用管理制度的建设,逐步推进区域环境信用管理一体化。"信用长三角"平台通过及时披露地区和行业环境信用动态、严重失信企业名单和失信行为,营造了长三角良好的环保信用环境。企业可以通过"信用长三角"平台进行企业信用查询、信用修复和环境绩效管理等信息服务。政府和第三方机构也可以运用平台的环境信用大数据,建立面向政府和社会的以大数据挖掘为主的区域企业环保失信预警系统,为区域环境准入和绿色金融等政策的实施提供数据支撑。环保领域跨区域信用联合惩戒的实践也为长三角在食品药品、产品质量和旅游等领域的信用一体化建设提供宝贵经验,深入推动长三角区域信用合作。

### 五、区域大气排污权交易

排污权交易制度是在确定地区污染物排放总量的前提下,利用市场机制建立并发放合法的污染物排放权(通常以排污许可形式),并通过允许排污权像商品一样被买卖,来控制污染物排放总量的一项环境经济制度。排污权交易制度是当前我国一项正在大范围试点推广的环境经济政策。"十一五"期间,我国在江苏、浙江、天津、湖北等 11 个省市开展排污权有偿使用和交易试点。2014 年,国务院办公厅印发《关于进一步推进排污权有偿使用和试点工作的指导意见》,明确到 2017 年在试点地区基本建立排污权有偿使用和交易制度。2015 年 9 月,中共中央和国务院印发《生态文明体制改革总体方案》,进一步明确推行排污权交易制度,扩大排污权有偿使用和交易试点,在大气污染重点区域推行跨行政区排污权交易。

江浙沪两省一市是我国最早探索排污权交易的地区,也是试点最深入的区域之一。上海市是我国最早开始排污权交易实践的地区,也是国家首批 7 个碳排放权试点省市之一。江苏省和浙江省是国家排污权有偿使用和交易试点省份。在我国开展排污权交易试点之前,江苏省南通市就于 2001 年进行了我国第一例二氧化硫排污权交易。2003 年,江苏省太仓港环保发电有限公司和南京下关发电厂成功达成了我国首例二氧化硫排污权异地交易[98]。浙江省是我国排污权交易最活跃的省份,在排污权政策制定、机构筹建、平台建设、市场培育和制度创新等方面均处于领跑地位。2007 年,浙江省嘉兴市建立了我国首个排污权交易中心。2012年,浙江省建立了省级排污权交易平台,运用"电子业务流程化"的方式实现互联网与排污权交易流程的全面对接,提高排污权交易和管理的效率。截至 2014 年底,浙江省已基本建成覆盖省、市、县的排污权有偿使用和交易体系,累计有偿使用和交易金额占全国三分之二[99]。

2013 年 11 月,上海市启动碳排放权交易试点。上海市碳排放权交易试点的范围从 16 个行业 191 家企业逐步扩大到包含钢铁、电力、化工、建材、纺织、航空等 27 个行业的 300 多家重点企业。上海市在碳交易试点中不断优化碳配额分配方式,由全部免费发放逐步过渡到高碳能源部分有偿发放。上海的试点也形成了一整套较为科学合理,具有可操作性的监测、报告和核查体系。基于上海市各类金融市场的经验,上海碳交易市场制定了"1＋6"的交易规则体系,通过清晰完整的市场规则保障了透明高效的碳排放权交易市场运行。自试点运营以来,上海碳排放交易市场一直保持100%履约。截至2019年上半年,上海碳排放交易市场共吸引了包括企业和投资机构在内的近700家单位开户交易,二级市场累计成交量1.2亿吨,累计成交金额12.47亿元[100]。上海碳排放交易市场的国家核证自愿减排量(CCER)成交量在全国各试点省市中稳居首位。鉴于试点中平稳有序的市场化运行经验,上海市在当前全国统一的碳排放交易市场建设中承担建设和运维任务。

在试点工作推动下,江浙沪地区已基本形成各具特色的排污权交易制度框架。但江浙沪的试点仍存在不足之处。首先,由于缺乏相关的法律法规保障和规范性文件引导,排污权交易的顶层政策设计定位不清晰。各试点在实践中普遍存在重视有偿使用轻视排污权交易、重视排污权初始分配轻视交易过程、重视交易审批轻视交易监管等不足。其次,由于各排污权交易试点与行政区的总量控制和减排指标等要求紧密相连,排污权交易的规模、范围和流动性受到限制,排污交易市场在环境资源配置中的作用有限。再次,当前长三角排污权交易试点在污染排放核算、初始配额分配、交易情况跟踪和核查等方面尚未建立统一规范的管理体系,影响了排污权交易市场的运行效率[101]。

在以排污许可制度为核心的环境管理体制改革中,原环保部也统筹协调在长三角试点区域排污权交易机制。虽然安徽省在排污交易方面的基础相对薄弱,但是将安徽省纳入区域排污交易试点将有助于利用边际减排成本差异活跃排污交易市场,显著改善长三角区域整体空气质量。区域排污权交易机制的构建由上海市牵头,预期先行选取监测、报告和核查基础较好的电力、水泥、钢铁和平板玻璃等高污染源。污染因子覆盖$SO_2$和$NO_x$两类污染因子。为更好发挥市场在资源配置中的作用,激发各市场主体参与污染防治的积极性,长三角亟须构建区域大气排污交易机制,以市场机制推动长三角区域环境治理模式的转变和市场运行效率的提升。

# 第二节　长三角区域一体化环境经济政策的优化建议

　　长三角区域环境经济政策整体呈现良好的发展态势,各省市均已形成一套具有地方特色的环境经济政策体系。江苏省环境信用体系建设和浙江省排污权交易体系试点的相关经验均已在长三角乃至全国广泛推广。目前,长三角地区已基本形成涵盖生产、流通、分配和消费全过程的环境经济政策体系,从多层面、多角度为调整地区经济结构、改善区域空气质量提供灵活、有效的政策指引[102]。从政策保障看,长三角三省一市的环境经济政策大多由环保部门联合其他部门共同制定实施,形成了环保、财政、发改和经信等部门的联动机制,体现了环境经济政策是环境保护与经济发展的综合协调型政策[92]。

　　目前长三角区域大气污染协作治理仍以命令控制性的行政管理为主,如机动车异地协同监管、船舶排放控制区建设和重污染天气应急管理等。基于市场机制的环境经济手段在长三角区域环境一体化治理中的应用仍较缺乏。环境经济政策在长三角区域空气质量管理中存在政策供给不足、作用空间较小,调控范围较窄和激励强度较弱等问题。作为我国经济最发达的地区,长三角对创新型环境经济政策的需求也更大。为更好地发挥市场在资源配置中的关键作用,进一步推进长三角区域大气质量改善,本章从以下四个方面为区域一体化的环境经济政策提供优化建议。

## 一、完善区域环境经济政策法制化建设

　　成熟的环境经济政策需要健全的法律法规保障。当前我国已出台的环境经济政策文件大多为指导性的"意见"、"通知"和"办法",法律效力偏低,法律地位不高。中央层面发布的环境经济政策文件大多是原则性要求,缺乏实质性的可操作性条款。近年来,我国中央和地方政府都制定实施了大量的环境经济政策。各级政

125

府一般更重视制定出台环境经济政策,对政策实施的相关配套措施和能力支撑建设不够重视[90]。我国环境经济政策中"重制定、轻执行"的问题导致政策的可操作性和执行力较差,部分政策未能全面深入地推行下去,造成政策资源的浪费。中央层面环境经济政策法制化的滞后会影响长三角区域层面环境经济政策的试点。

长三角三省一市应从区域和行业层面健全各项环境经济政策的法律法规支撑体系。在国家性法律指引缺位的背景下,我国的绿色信贷、环境污染责任保险、绿色证券等环境经济政策的试点推广工作困难重重。为保障区域一体化环境经济政策的有序发展,长三角地区亟须从区域层面强化各项环境经济政策的法律支撑,结合长三角地区的产业和产品特征,出台包括"绿色信贷指引"、"企业环境风险划定与投保细则"、"上市公司环境信息披露指南"和"区域排污交易试点办法"在内的系列区域实施细则,提高相关政策的规范性和可操作性。

在行业层面,长三角需通过制定和完善区域内重点行业大气污染物排放标准体系,推动长三角环境经济政策一体化进程。针对 VOCs 治理,长三角三省一市需完善 VOCs 污染防治标准体系,通过构建统一的 VOCs 排放总量核算技术规范、各行业 VOCs 污染防治标准以及在线监测技术规范等,细化区域内各行业 VOCs 管理要求。统一的 VOCs 污染防治标准体系建设为长三角建立 VOCs 排放清单,实施 VOCs 排污收费、总量控制、排污许可等政策措施提供统一的方法学基础和科技支撑。此外,长三角区域应加强大气污染物排放地方标准的实施和评估,充分发挥标准的倒逼和引领作用,推动长三角区域大气污染联防联控进程。

## 二、强化区域环境经济政策的顶层设计

环境经济政策是一系列综合性政策,需要运用财政、税收、价格、信贷等经济手段来调节或影响市场主体的行为,实现经济建设和环境保护的协调发展。环境经济政策的制定和实施过程通常涉

及多个政府部门，如环保、经信、发改、财政、税务等。由于环境经济政策顶层设计缺乏系统性，各项政策之间尚未形成合力。以电力行业为例，电力行业同时面临发电权交易、排污权交易和碳排放交易等相互关联的市场交易机制[92]。由于政策设计分别由各主管部门牵头，这些政策在实施过程中缺乏信息共享和协调配合。环境经济政策的制定者在政策设计之初就应强化顶层设计，开展部门协商，提高政策的系统性、可操作性以及与其他政策的协调性。

当前长三角的环境经济政策基本都由各省市根据自身情况自主制定，并在本行政区范围内实施，未能实现真正意义上的跨行政区设计。除了区域环境信用一体化政策外，长三角区域环境经济政策一体化的格局尚未成熟，影响市场机制在长三角区域环境资源配置中的功能。为推动区域环境经济一体化，长三角区域环境经济政策在顶层设计时需综合协调部门间和省际的利益，探索形成合作共赢的环境经济政策体系。

为强化区域环境经济政策的顶层设计，长三角需依托长三角大气和水污染防治协作机制平台构建统一的区域环境经济政策协商和发布制度，通过定期更新区域内的环境经济政策，共享环境经济政策数据，系统梳理和统一区域内环境经济政策的管理规范和发布流程[92]。此外，长三角三省一市应就区域大气污染防控的重点和难点问题共同开展协商，制定区域一体化的环境经济政策。由于区域内社会经济发展水平的差异，长三角的环境经济政策创新可以在社会经济发展水平较好的城市进行跨行政区推广，再逐步推广至整个长三角区域。

### 三、优化环境经济政策的实施流程

目前，长三角地区的绿色投资还远不能满足实际的环境保护需求。三省一市一方面需要建立多元化的投资渠道，激励大量社会资本投入绿色产业，另一方面也需要加大政府的财政投入力度，构建环保支出与 GDP、财政收入增长的双联动机制，推动政府新增收入向环保投资倾斜,提高环保支出占 GDP 或财政总支出的比重[103]。在此基础上,将环保投资总额和增幅纳入地方政府目标考核体系,以约束性考核手段推动地方建立长期稳定的环保经费增长机制。

在环境财政政策中,长三角区域需优化大气污染减排行为的财政补贴机制。在新能源汽车补贴方面,长三角应在补贴标准设置方面强化充电桩等基础设施的资金补贴,逐步统一区域补贴门槛和标准,实现长三角区域新能源推广政策的一体化。"十四五"时期,长三角地区应在推动电力体制改革的过程中持续优化环保电价和可再生能源电价补贴政策,尝试实施高于国家标准的超低排放补贴和可再生能源电价附加补贴政策,缓解长三角地区燃煤机组的超低排放压力和新能源发电的占比压力。

在环境税费政策方面,长三角应探索细化环境税制度,设计包括污染排放、污染产品和二氧化碳三类税目在内的独立型环境税体系。污染排放税需要在排污费改税的基础上,逐步将挥发性有机物、机动车尾气、建筑扬尘等大气污染物纳入征税范围;污染产品税的应税产品应包括建筑材料、涂料和煤炭等产品,并根据区域污染特征的演变逐步扩大征收范围;二氧化碳税是针对全球气候变暖问题,对排放二氧化碳的化石燃料征收排放税。此外,长三角应建立合理的资源环境价格形成机制,提高资源型产品的使用成本,通过差别化税负设置,提高环保企业的市场竞争优势。在此基础上,长三角应综合考虑各地区的社会公众收入水平和可接受程度,逐步实现区域环境税率的一体化。

在区域环境信用一体化的进程中,长三角应健全环保信用评价体系,完善评价细则,逐步扩大参评企业的覆盖面,通过信用信息的实时推送和动态评价,提高企业环境信用评价结果的公信力。三省一市应加强企业环保信用等级与强制减排措施的联动,通过对评级为"绿色"和"蓝色"的企业给予政策鼓励,对评级为"红色"和"黑色"的企业加大减排措施,推动跨部门联合惩戒。长三角还应将企业环境信用评价信息与环保税费政策、绿色信贷等环境经济手段相结合,完善环境经济政策体系。

在区域大气排污交易体系的试点中,长三角地区首先应综合考虑国家、区域和行业的主要污染物控制要求,设置合理的区域总量控制目标。区域大气排污交易试点应突破行政区划分割,将行业和企业总量控制目标与各省市的总量考核体系剥离,综合考虑区域和行业的总量控制要求,允许排污权指标在行业和企业间自由流动。在试点中,长三角三省一市应设立区域排污交易管理中心,通过统一的交易和管理平台,提升区域联动管理效能。在能力建设方面,长三角地区还应统一区域内的监测、报告和核查体系,确保区域排污交易市场公平规范。

**四、增强环境经济政策的监管和评估**

企业环境信息是环境经济政策的实施基础。长三角区域应建立统一的区域污染源管理信息系统,强化企业环境信息化管理水平。在当前点源环境管理制度体系改革的背景下,长三角区域应通过排污许可制度改革形成动态化的污染监测手段,整合点源排污信息,并在此基础上构建多接口的动态企业环境信息平台。该平台一方面可为环境税等环境经济政策提供实施基础,另一方面可以与保险、证券等金融机构实现信息互通,建立企业环境信息及投融资信息的共享机制,形成多部门协调配合和共同监管,为企业投资和政府监管提供数据支撑。

长三角区域还应完善环境经济政策的后评估机制。为提高相关环境管理主体的政策执行力,长三角三省一市在财政补贴、绿色信贷和环境污染责任保险等环境经济政策的推行过程中,应从区域层面针对相关管理机构和企业制定统一的监管指标体系和考核机制。此外,为提高环境经济政策的有效性,长三角需对环保投资比例、排污费税标准、补贴门槛与标准等环境经济政策设置动态的评估机制,确保政策设计的合理性和适用性,并及时针对评估结果进行修正。

# 第六章

# 长三角区域大气污染
# 防治应急管理协作

　　长三角地区是我国重污染天气的高发地区。随着城市化、工业化的快速推进,长三角区域复合型大气污染特征日益明显,区域空气质量呈现一体化趋势。2013 年 12 月,长三角地区污染天气比例高达 81.6%。作为我国的经济中心,长三角地区也是诸多重大活动的举办地,亟须建立高效的重大活动大气环境应急管理机制,保障活动期间空气质量稳定在良好水平。《大气污染防治行动计划》实施以来,长三角地区积极推进区域大气污染应急管理机制建设,切实保障区域环境安全和公众身体健康。

　　大气环境应急管理是为避免危害后果发生,对大气环境的特殊情况或特殊要求采取超常规工作程序的环境管理活动。与日常空气质量的"常态化管理"不同,大气环境应急管理致力于快速解决特殊问题,属于"应急管理"范畴,主要包含两方面内容:一是通过加强重污染天气的应急管理,减少重污染天气出现的频率和持续的时间,降低大气重污染的危害程度[104];二是在重大活动举办期间,通过科学制定空气质量保障方案,提前启动应急减排措施,确保举办地及其周边地区的环境空气质量。

# 第一节　重污染天气应急管理制度建设

重污染天气是由大气污染物排放和一定的气象条件叠加形成的,具有危害严重、影响广泛但是可监测和可预防等特征[105]。近年来频繁的雾霾污染推动了我国重污染天气应急管理制度的迅速发展。2013 年 5 月,原环保部出台《城市大气重污染应急预案编制指南》,指导地方政府制定城市重污染天气应急预案,并通过规范应急预案管理,提高城市对重污染天气的预测预警和应急响应能力。此后,我国各地频繁出台各项重污染天气应急管理政策。2013 年 9 月,国务院发布《大气污染防治行动计划》,明确要求三大重点区域在 2014 年建成覆盖区域、省、市三级的重污染天气监测预警体系,通过制定完善应急管理预案,及时采取应急措施,妥善应对重污染天气。2013 年 11 月,原环保部印发《关于加强重污染天气应急管理工作的指导意见》,从加强组织领导、强化应急准备、实施分级预警和响应、依法公开环境信息和加强舆论引导以及严格考核和加大责任追究五个方面细化了我国重污染天气应急管理制度[106]。

2013 年初,上海市和江苏省分别出台《上海市环境空气质量重污染应急方案(暂行)》和《江苏省大气重污染预警与应急工作方案(暂行)》,积极应对大气重污染造成的不利影响。长三角三省一市也分别在《上海市清洁空气行动计划》、《江苏省大气污染防治行动计划》、《浙江省大气污染防治行动计划》和《安徽省大气污染防治行动计划》中要求各级政府通过建立重污染天气监测预警体系,完善重污染天气应急保障方案并加强跨区域应急协作。为完善重污染天气应急保障,长三角三省一市分别在 2014 年初出台重污染天气应急预案,细化重污染天气应急减排措施和实施细则。

2014 年,长三角区域大气污染防治协作机制将加快重污染天气预测预报能力建设和加强长三角大气重污染应急联动列为年度工作重点,开始启动长三角区域空气质量和环境气象预测预报体系建设。2014年底,区域协作小组出台《长三角区域空气重污染应急联动工作方案》,计划逐步对接三省一市重污染天气的预警级别、启动条件、应急减排和防护措施,构建一体化的区域重污染天气应急体系。

## 一、重污染天气应急管理的科学支撑体系

准确的空气污染预报能为地方政府及时启动应急响应措施提供科学决策依据。环境气象预报的准确性、大气污染源排放的不确定性和对大气污染转化过程的认识水平等因素都会影响空气污染预报的准确性[107]。由于大气污染物种类繁多,在重污染过程中的迁移转化十分复杂,长三角地区重污染天气的应急管理亟须建立能够解析区域大气复合污染特征和规律的科学支撑体系。

随着我国新环境空气质量标准的实施,长三角区域已经建成了较为完善的常规空气质量监测网络,为城市空气质量评估及预测预警提供重要的数据支撑。随着城市化进程深入,常规的空气质量监测已经无法从区域层面客观全面地反映当前长三角区域空气污染特征的变化趋势,在弄清污染成因和追踪污染来源等方面有较多的局限性,无法支撑有针对性的重污染天气应急管理和大气污染精准治理。

早在2010年,江浙沪两省一市环保部门就依托现有的环境空气质量监测资源,开展区域空气质量联动监测、通过共享空气质量监测信息,为上海世博会空气质量保障提供技术支撑[108]。在国家源解析工作的推动下,长三角地区部分城市已经开展了$PM_{2.5}$化学组分采样和源解析工作。长三角地区的主要城市已经建成或正在建设大气超级监测站,监测项目覆盖颗粒物成分和臭氧前体物等主要理化指标。目前,长三角区域已基本建成包括卫星遥感、超级站、气象卫星和车载气球等多种技术手段的全方位、立体化区域空气质量监测网络,能实现常规监测、区域输送监测、灰霾监测

和重污染过程监测等不同功能。

2013年10月,原环保部联合上海、江苏、浙江和安徽三省一市共同建立长三角区域空气质量预测预报中心,协调区域内的空气质量预测预报工作,通过信息共享和会商联动加强不同部门和不同地区在重污染天气和重大活动应急管理中的协同应对。基于"一个区域中心和四个省市分中心"的构架,长三角区域空气质量预测预报中心通过整合上海、江苏、浙江、安徽三省一市的大气污染监测、环境监测、空气质量预报结果、预警等数据信息资源共享需求,预测区域空气质量变化趋势,为更精准的预报发布提供支撑。2017年,长三角区域空气质量预测预报中心将江西省纳入预测预报范围。截至2018年底,长三角区域空气质量预测预报系统平台已基本建设完成,包括数据共享和综合应用系统、污染源和排放清单管理系统、预测预报系统和区域预报信息服务系统四个应用子系统和1个区域预测预报业务集成系统。

长三角区域空气质量预测预报中心主要服务于长三角区域空气质量的联防联控,对各省市的空气质量预报进行业务指导。长三角区域空气质量预测预报中心承担着区域空气质量7天预测预报的职责,并通过建立跨区域空气质量联合可视化会商机制为重污染天气应急管理提供技术支持。在完善区域空气质量预测预报系统的过程中,长三角已逐步实现了区域内空气质量监测数据和重点污染源在线监测数据的实时共享,正推进各地大气超级站监测数据和污染源排放清单数据的动态信息共享。

此外,长三角三省一市可以通过区域空气质量预测预报中心这一统一平台对重大活动期间的空气质量保障进行联合会商。自2013年10月启动建设以来,长三角区域空气质量预测预报中心已经历了南京青奥会、南京公祭日、乌镇世界互联网大会和G20杭州峰会等多次重大活动的"实战演练",积累了很多区域联防联控的宝贵经验。区域空气质量预测预报中心已成为长三角区域一体化联防联控的重要技术支撑。

科研协作方面,长三角地区已通过环保公益性项目"长三角大气质量改善与综合管理关键技术研究"和国家科技支撑计划项目"长三角区域大气污染联防联控支撑技术研发及应用"等积极完善长三角区域大气污染防治的科学决策。研究确立的"长三角典型源大气颗粒物和VOCs排放因子与成分谱数据库"、"典型源大气源的活动水平与治理技术调查技术规范"、"长三角大气颗粒物和VOCs排放清单编制技术规范"以及整合而成的"长三角大气颗粒物和VOCs排放清单的动态更新平台"等将为长三角建立区域统一化、规范化、动态化的排放清单提供技术规范和可视化平台。同时,关于"长三角复合型大气污染特征"、"区域大气污染传输规律"、"长三角城市群空气质量改善情景方案"和"排放源—空气质量的非线性响应关系"等研究成果也将通过完善相关技术规范和标准,为长三角重污染天气监测预警体系建设提供科技支撑。

在科学支撑方面,长三角区域空气质量管理机构应通过建立高时空分辨率的区域实时动态排放清单,完善区域大气污染监测网络和共享信息平台,提高重污染天气监测预警的准确性。长三角区域空气质量管理机构及三省一市的相关部门也应加强重污染天气应急措施的科学研判,分析应急响应措施与污染物排放之间的关联,找准关键环节,实施精准治污,既要采取严格的应急响应措施,又要保障基本民生和经济发展。

## 二、重污染天气管理的应急预案和响应

重污染天气的应急预案是在短期内降低重污染天气负面影响的系统性操作方案[109]。《大气污染防治行动计划》发布后,全国各地纷纷出台了重污染天气应急预案。2014 年,我国有 20 个省(区、市)和 194 个地级市编制实施了重污染天气应急预案,共发布200 余次重污染天气预警并采取响应措施。我国已经初步建立了重污染天气应急预案体系,但是重污染天气应急管理还存在"应急预案文本质量不高、备案不及时、应急效果不明显"等问题[110]。

为完善重污染天气应急保障,长三角三省一市分别在 2014 年初出台了重污染天气应急预案,细化了重污染天气应急响应机制。但是长三角各地在应急预案的预警级别和应急响应上仍存在较大差异,缺乏区域统一的标准要求。此外,各地应急预案也存在科学性和可操作性不强等问题。2014 年底,长三角区域大气污染防治协作小组出台《长三角区域空气重污染应急联动工作方案》,尝试在区域层面上推动预警级别启动条件和主要应急响应措施的统一。

为解决减排措施"一刀切"或无法落实等问题,2017 年原环保部印发《重污染天气预警分级标准和应急减排措施修订工作方案》,要求京津冀"2＋26"城市完善重污染天气应急预案,统一区域内不同预警级别污染物的减排比例,并将减排落实到具体的企业减排措施清单上。2018 年,生态环境部发布《重污染天气应急预案修订工作的指导意见》,持续推动全国各地的重污染天气应急预案修订工作,指导重点区域统一预警分级标准,逐步完善应急减排措施和应急减排项目清单,强化重污染天气的应对能力。2019 年,包括长三角在内的大气污染控制重点区域正逐步完善减排项目,通过针对固定污染源实施"一厂一策",明确应急减排措施。2020 年,重点区域应积极开展区域应急联动,统一重污染天气预警分级标准,完善应急减排清单式管理。2019 年,生态环境部制定《关于加强重污染天气应对夯实应急减排措施的指导意见》,对31 个重点行业提出具体的减排措施,推动重污染天气应急减排的精准化、流程化管理。重污染天气的应急管理正在向科学减排、精准减排和依法减排转变。

1. 预警级别

2013 年 11 月,原环保部发布《关于加强重污染天气应急管理工作的指导意见》,要求各地政府综合考虑"空气污染程度"和"持续时间"两个指标,将预警等级划分为"蓝、黄、橙、红"4 级。2014年初,长三角三省一市分别结合本地的重污染天气情况和应急工作需求将重污染天气预警按由轻到重的顺序依次划分为预警四级

（蓝色）、预警三级（黄色）、预警二级（橙色）和预警一级（红色）。"空气污染程度"以"空气污染指数（AQI）"衡量，"持续时间"指预测雾霾持续的天数。

**表 6-1　2014 年长三角三省一市重污染天气应急预案预警分级标准**

| 地区 | 上海市 | 江苏省 | 浙江省 | 安徽省 |
|---|---|---|---|---|
| 蓝色预警 | 未来 1 天 AQI 在 201～300 | 全省连片 5 个及以上省辖市未来 1 天 AQI 达到 200 以上 | 城市未来 1 天 AQI 在 201～300 | AQI 在 201～300，且未来 2 天仍将维持不利气象条件 |
| 黄色预警 | 未来 2 天 AQI 在 201～300 | 全省连片 5 个及以上省辖市未来 1 天 AQI 达到 300 以上 | 未来 1 天 AQI 在 301～400 | AQI 在 301～400，且未来 2 天仍将维持不利气象条件 |
| 橙色预警 | 未来 1 天 AQI 在 301～450 | 全省连片 5 个及以上省辖市未来 1 天 AQI 达到 400 以上 | 未来 1 天 AQI 在 401～450 | AQI 在 401～500，且未来 2 天仍将维持不利气象条件 |
| 红色预警 | 未来 1 天 AQI 大于 450 | 全省连片 5 个及以上省辖市未来 1 天 AQI 达到 450 以上 | 未来 1 天 AQI 大于 450 | AQI 大于 500，且未来 2 天仍将维持不利气象条件 |

采用"空气污染程度"和"持续时间"二维指标综合判定预警级别虽可兼顾多种因素，灵活表征空气污染程度，但也容易在不同地区间产生预警差异，增加重污染天气区域应急协作的难度。2014—2017 年间，长三角地区的预警级别和应急响应存在较大差异（见表 6-1）。当"未来 2 天环境空气质量指数（AQI）在 201～300"时，上海市便已启动黄色预警。江苏省和浙江省则分别需要在"全省连片 5 个及以上省辖市空气质量指数（AQI）达到 300 以上，且气象预测未来 1 天仍将维持不利气象条件"，和"城市未来 1 天空气质量指数（AQI）在 301～400"时启动黄色预警。对于橙色

预警,上海市在"未来 1 天 AQI 在 301～450"就开始启动。江苏省
和浙江省分别在"全省连片 5 个及以上省辖市空气质量指数
(AQI)达到 400 以上"和"未来 1 天 AQI 在 401～450"时才会启动
橙色预警。安徽省则需要"AQI 在 401～500,且未来 2 天仍将维
持不利气象条件"才启动橙色预警。总体而言,长三角地区重污染
天气预警标准的严格程度为"上海＞浙江＞江苏＞安徽"。当区域
性重污染天气发生时,长三角内部会出现空气污染程度相似但预
警级别不相同的现象,影响区域重污染天气应急响应协作。

　　近年来,长三角三省一市不断完善各自的重污染天气应急预
案。上海市分别在 2016 年和 2018 年修订了《上海市空气重污染
专项应急预案》。2018 年新修订的应急预案比 2016 年版本进一
步降低预警启动门槛(见表 6－2)。除了红色预警启动条件不变
外,上海市降低了蓝色预警、黄色预警和橙色预警的启动条件。黄
色预警标准由原来的"未来两天 AQI 在 201～300"调整为"未来
一天 AQI 在 201～301"。此外,修订后的应急预案也增加了预警
的提前时间,要求重污染天气预报应至少提前一天启动预警。

表 6－2　上海市重污染天气专项预案的预警启动条件

| 地区 | 2014 年 | 2016 年 | 2018 年 |
|---|---|---|---|
| 蓝色预警 | 未来 1 天 AQI 在 201～300 | 未来 1 天 AQI 在 201～300,或未来 1 天 AQI 在 151～200 且可能出现短时重污染 | 未来 1 天 AQI 在 101～200,且可能出现短时重污染 |
| 黄色预警 | 未来 2 天 AQI 在 201～300 | 未来 2 天 AQI 在 201～300 | 未来 1 天 AQI 在 201～300 |
| 橙色预警 | 未来 1 天 AQI 在 301～450 | 未来 1 天 AQI 在 301～400,或未来 3 天 AQI 在 201～300 | 未来 1 天 AQI 在 301～400,或未来持续两天及以上 AQI 在 201～300 |
| 红色预警 | 未来 1 天 AQI 大于 450 | 未来 1 天 AQI 大于 400 | 未来 1 天 AQI 大于 400 |

2018 年 8 月,生态环境部发布《重污染天气应急预案修订工作的指导意见》,明确在 2018—2020 年逐步统一各重点区域重污染天气预警分级标准。《指导意见》取消了蓝色预警等级,并根据空气污染程度和持续时间,从低到高依次设立Ⅲ、Ⅱ、Ⅰ三个预警级别,分别以黄色预警、橙色预警和红色预警标示。2019 年,江苏省和浙江省新修订的重污染天气应急预案均以重污染天气持续时间作为启动不同预警等级的条件,在预测持续两天重污染天气时启动黄色预警,在未来持续三天重污染天气时候启动橙色预警,在未来持续四天以上重污染天气时启动红色预警。江苏省同时也将 $SO_2$ 小时浓度作为重污染天气预警的启动条件(见表 6 - 3)。在中央层面的指导下,长三角的重污染天气预警标准正趋于统一。

表 6 - 3　2019 年江苏和浙江重污染天气应急预案的预警启动条件

| 地区 | 江苏 | 浙江 |
|------|------|------|
| 黄色预警 | 预测 AQI 日均值＞200 将持续 48 小时以上,或监测到设区市 $SO_2$ 小时浓度达到 500 ug/m³ 以上,且未达到高级别预警条件 | 预测 AQI 日均值＞200 将持续 48 小时以上,且未达到高级别预警条件 |
| 橙色预警 | 预测 AQI 日均值＞200 将持续 72 小时以上,或监测到设区市 $SO_2$ 小时浓度达到 650 ug/m³ 以上,且未达到高级别预警条件 | 预测 AQI 日均值＞200 将持续 3 天(72 小时)以上,且未达到高级别预警条件 |
| 红色预警 | 预测 AQI 日均值＞200 将持续 96 小时以上,或预测未来持续 24 小时 AQI 日均值＞450,或监测到设区市 $SO_2$ 小时浓度达到 800 ug/m³ 以上 | 预测 AQI 日均值＞200 将持续 4 天(96 小时)以上,且预测 AQI 日均值＞300 将持续 2 天(48 小时)以上;或预测 AQI 日均值达到 500 |

2. 应急响应措施

预警信息一经发布,当地政府需按照应急预案迅速启动应急响应。应急响应措施是为避免重污染天气出现而采取的污染防治措施,比常规性大气污染治理更加严格,主要包含以下四个方面:

一是限制固定源排放,针对钢铁、火电、水泥、石化、化工、有色金属等大气污染物排放量比较大的重点行业,加强污染源监管、削减排放量、降低生产负荷、限产或者关停等;二是减少移动源的排放,限制黄标车、无标车、重型货车等高污染车辆上路行驶,加大公交车的运输力度,并通过限号、限行等方式控制机动车排放;三是加大开放源的控制,覆盖露天砂场、石场,禁止运沙车、运石车等大型车辆上路运输,对于施工区域加强扬尘管理,强化秸秆综合利用和禁烧工作;四是加强敏感人群防护,如中小学停课、取消户外大型活动等[111]。

根据约束力度的不同,重污染天气的应急响应措施可分为健康防护措施、建议性减排措施和强制性减排措施三种。不同重污染天气预警级别对应相应的重污染天气应急响应措施。"蓝色预警"的响应措施通常以健康防护提醒措施和建议性的污染减排措施为主。当发布黄色及以上级别预警时,政府需按照应急预案分级实施强制性减排措施,包括工厂限产、停产、机动车限行、开放源管理等。"红色预警"的应急响应措施还包括采取停办户外活动等强制性措施增强对敏感人群的防护[106]。

在长三角区域应急联动工作的推动下,各地区正不断协商统一重污染天气预警响应措施。但在相同预警级别下,长三角三省一市采取的应急响应措施仍存在较大差异。以强制性减排措施为例,2014年上海市在蓝色预警的情况下便已启用包括提高道路保洁频次、增加施工工地洒水降尘频次、禁止农作物秸秆露天焚烧以及中小学、幼托机构一律停止室外体育课和户外活动等在内的强制性减排措施。相比之下,江苏省、浙江省和安徽省启动强制性措施的预警级别较高,浙江省在橙色预警之前均以健康防护措施和建议性减排措施为主。

### 三、秋冬季大气污染综合治理

长三角区域的空气污染也存在明显的季节性差异。秋冬季重污染天气频发,PM$_{2.5}$浓度是其他季节的 1.6 倍。秋冬季较差的污染扩散条件也会增加长三角区域重污染天气应急管理的难度。因此,秋冬季空气质量的好坏直接影响长三角区域和城市空气质量的优良等级。长三角地区空气质量整体改善的关键在秋冬季。

2018 年,长三角地区开始针对秋冬季开展空气污染防控,着力降低重污染天气的不利影响。2018 年 10 月,生态环境部联合多部委印发《长三角地区 2018—2019 年秋冬季大气污染综合治理攻坚行动方案》,计划使长三角秋冬季的颗粒物浓度和重污染天数同比下降 3% 左右。长三角三省一市计划通过优化区域产业结构、能源结构、运输结构和用地结构,强化区域联防联控,加大秋冬季大气污染治理的力度。长三角区域也通过推动重污染城市工业企业错峰生产、大宗物料错峰运输、改变燃煤电厂电力调度等方式降低重污染天气应急管理对社会经济的影响。

与重污染天气应急治理相比,秋冬季的大气污染综合治理是更严格的常态化空气质量管理。长三角三省一市应依托排污许可制度和污染物总量控制制度建立区域秋冬季大气污染物排放总量控制制度,用常态化管理规范秋冬季企业生产和大气污染防治,引导区域经济又快又好发展。长三角区域重污染城市应在月排放量基础上依据气候条件研判秋冬季各种大气污染物的允许排放量,并将其等比例分配到各污染源。

当企业污染源实际排放量达到许可排放量时,企业必须停止排放大气污染物或从大气污染排放交易平台购买相应的排污指标。对大气重污染预警期间产生超量排放的企业,环保部门有权按照相关法规将超量部分以两倍或更多倍数从秋冬季累计允许排放总量中抵扣。对于重污染预警期间产生超量减排的企业,地方环保部门也应以加倍贮存排污许可的方式返还给企业。

为实现秋冬季更严格的常态化管理,长三角区域需加强污染源监测体系和环境执法督查等保障措施建设。长三角区域应通过加强重污染天气期间和重点时段的执法检查,强化执法监督。

2018 年 9 月,长三角三省一市的 30 多名环境执法人员在上海化学工业园区针对挥发性有机物工业源开展首次区域大规模大气环境跨省执法检查。环境执法检查部门关于秋冬季大气污染防治的联合执法和交叉互查,推动了长三角区域环境监管的一体化进程。

为统筹秋冬季大气污染治理与社会经济民生的关系,长三角需综合考量污染治理措施的经济性和公平性。2018 年 9 月,江苏省率先在全国发布《关于提前落实秋冬季大气污染综合治理攻坚行动便民服务措施的通知》,从提前保障清洁能源供应、落实应急取暖设置、供热管网建设等方面出台十二条便民措施,在保障环境空气质量的同时保障民生。2018 年 12 月,江苏省发布《江苏省秋冬季错峰生产及重污染天气应急管控停产豁免管理办法(试行)》,规定行业污染排放水平低的企业或涉及重大民生保障的企业在达标排放情况下可在秋冬季错峰生产和重污染天气应急管控中免予执行停产和限产。长三角秋冬季大气污染综合治理应综合考虑对宏观经济和民生的影响,通过常态化精准管理,避免环保“一刀切”对社会经济带来的负面影响。

## 第二节　重大活动期间的空气质量保障

重大活动指具有重大国内和国际影响,对举办期间环境空气质量有较高要求的政治、社会、经济、体育等活动,如奥运会、世博会等。由于国家和地方领导人对重大活动期间空气质量保障工作的重视,主办地及周边省份政府通常将重大活动期间的空气质量保障作为一项重要的政治任务。中央政府及主办地政府通常会在区域范围内成立空气质量保障协作机制,组建区域大气污染防治专家委员会,综合分析重大活动期间的天气状况、区域大气污染特征以及传输路径,科学制定空气质量保障方案,提前启动临时性应急减排措施,保障活动期间的空气质量达到优良状态[112]。

长三角地区是我国重污染天气的高发地区。作为我国的经济中心,长三角地区也是诸多重大活动的举办地,亟须建立高效的重大活动大气环境应急管理机制,保障重大活动期间空气质量稳定在良好水平。当前,长三角地区已在 2010 年上海世博会、2014 年南京青奥会、2015 年南京公祭日和乌镇世界互联网大会以及 2016 年杭州 G20 峰会等诸多重大活动期间,开展了多次高强度的环境空气质量保障工作,均取得了较好的保障效果,积累了诸多保障经验。

重大活动期间空气质量保障工作的实践是气象条件和污染物减排共同作用的结果。在诸多重大活动空气质量保障的"实战演练"中,长三角区域空气质量预测预报中心与三省一市的环保、气象等部门紧密合作,形成环保与气象部门之间以及各省市之间监测预警信息的共享,空气质量研判和会商的统一平台。长三角地区采取了大量临时性行政管控措施来遏制大气污染排放量,保障重大活动期间的空气质量。重大活动期间的空气质量保障工作强化了长三角各省市之间大气污染防治的协调联动和统一行动。

在数次重大活动空气质量保障过程中,长三角地区从区域、地方和部门等多个层面加强保障工作的顶层设计,在中央政府的积极推动下,共同协商重大活动空气质量保障方案,逐步建立了区域、省级环保和气象部门以及科研监测单位的会商机制,通过预测重大活动期间的空气污染过程,为提前采取应急减排响应措施提供技术支持。空气质量保障方案需要依据源解析结果科学制定详细的减排项目清单,并将具体减排责任落实到环保、住建、公安、交通等有关职能部门。

污染物减排是重大活动期间空气质量保障的具体措施。重大活动期间,会议主办地和周边省市通常会采取企业停产、限产、车辆限行等多项严格的应急减排措施,进一步加大污染减排力度。为确保减排保障措施落实到位,各地环保部门需要发挥综合协调和统一监管的职责。2014 年南京青奥会期间,原华东督查中心在空气质量保障期间加大督查力度,通过召开南京及周边 9 市青奥环境质量保障工作推进会,全面了解保障方案制定和实施中存在的问题。在此基础上,原华东督查中心联合相关省市对上海、芜湖、宿迁、泰州等地开展专项督查,现场检查 100 余处重点企业和重点设施。针对督查和调度过程中发现的问题,督查组及时通报相关地方政府,并督促整改,确保保障措施落实到位。

多项重大活动空气质量保障的成功经验显示空气污染是"可防、可控、可治"的[112]。基于区域协作的严格减排措施和环境监管会推动区域空气质量的迅速改善。但是,目前重大活动空气质量保障工作大多依靠"运动式"管理模式,通过较强的行政压力在区域范围内形成短期协作,取得的空气质量保障效果不具有持续性,通常在重大活动结束后难以保持。在 2013 年南京青奥会期间,南京市 $PM_{10}$ 和 $PM_{2.5}$ 浓度比往年同期水平下降 44％和 36％,空气质量基本上都达到"优良"。而青奥会过后,南京市又恢复了青奥会之前的污染程度,甚至比以前污染更严重。

由于重大活动前后举办地空气质量的差异及空气质量保障方案对社会经济的影响,重大活动期间空气质量保障方案的科学性和合法性也备受质疑。为保障重大活动期间空气质量,三省一市的确有必要采取一些非常规手段。但是,长三角区域要实现空气质量的持续改善,需要建立常态化的区域大气污染防治长效机制,通过制定专项保障方案,强化预测预报、联合会商和执法监督,实现重大活动期间空气质量的协同保障。

# 第三节 长三角区域大气污染防治应急管理的挑战

## 一、应急管理的法律体系尚不健全

完善的应急管理法律体系是强化应急管理工作的基本保障。与常规大气污染治理不同,针对重污染天气和重大活动空气质量保障的应急管理机制在大气环境预警、准备、应急响应和恢复的过程中,必然会涉及大量人力、物力资源的征用、调拨和补偿等,对政府的环境治理能力提出了严峻的挑战[113]。

与英美国家相比,我国空气污染应急管理的法律制度体系尚不健全,长期以来缺乏综合性的应急管理法律法规。2007年,我国颁布《突发事件应对法》,开始对突发性事件的应急响应实施法制化管理。近年来新修订的《环境保护法》和《大气污染防治法》均新增了突发环境事件应急的法律条文,要求各级政府将重污染天气应对纳入突发事件应急管理体系,制定重污染天气应急预案,根据应急需要采取责令有关企业停产或者限产、限制部分机动车行驶、禁止燃放烟花爆竹、停止工地土石方作业和建筑物拆除施工、停止露天烧烤、停止幼儿园和学校组织的户外活动、组织开展人工影响天气作业等应急措施。《突发事件应对法》、《环境保护法》和《大气污染防治法》这三部国家层面上的法律为大气环境应急管理提供了法律依据。此外,我国也相继出台《大气污染防治行动计划》、《国务院关于加强应对重污染天气应急管理工作的指导意见》、《城市大气重污染应急预案编制指南》和《重污染天气应急预案修订工作的指导意见》等规范性指导文件,进一步明确了大气环境应急管理的管理机构、管理职责、应急预案制定和信息公开机制等。

近年来相关法律制度体系的完善快速推动了我国大气环境应急管理法律制度的建立。面对多类型、复杂化的大气污染预警和响应过程,现有的应急管理法律体系仍存在诸多缺陷,尚未在立法技术、立法观点和立法传统等方面对大气环境应急管理制度做出全面、系统的规定,尤其对重大活动的空气质量保障工作缺少法律支撑。

首先,作为大气污染应急管理上位法,《突发事件应对法》等相关法律条款的适用范围很难涵盖大气环境应急管理的所有范畴。2007年实施的《突发事件应对法》对重污染天气和重大活动空气质量保障应急管理缺乏具有针对性的法律规范。新修订的《环境保护法》和《大气污染防治法》中关于大气应急管理侧重强调政府的权力、职责和应急响应启动条件,在应急管理程序的规范性方面缺乏规定。

其次,现有的大气污染应急管理仍以政府行政主导模式为主,未能实现依法行政与权利保障相统一。当前工厂企业限产、停产的应急减排措施还存在法律支撑不足、导向性不明确等问题。相关法律条文并未明确指出污染源在大气环境应急管理过程中的相关义务,也未针对限产、停产等强制减排措施制定合理的赔偿、补偿机制,导致政府在要求合规企业进一步降低污染排放时缺少法律支撑。在缺乏合理利益补偿机制的背景下,大范围限产、停产措施对企业来说意味着大量的经济损失。没有强制的应急法规要求或合理的经济补偿,企业对限产、停产等应急减排措施必定不会积极配合[111]。在实际执行中,部分地区也存在重点污染企业在重污染天气下拒不执行限产令的情况。在缺乏强制性法律法规约束前提下,大气环境应急管理过程中容易产生政企矛盾,加大利益相关者的谈判成本,降低重污染天气应对以及重大活动空气质量保障的应急效率。

## 二、碎片化的区域环境管理体系

碎片化的区域环境管理体系是长三角区域大气污染难以得到有效治理的制度性根源。受风向等气候因素影响,空气污染没有明显的污染边界,呈现出明显的区域性特征和复杂的时空变化性。在此情况下,大气环境应急管理方案的制定需从区域层面入手,在准确掌握各地、各行业污染排放清单,了解区域间气象条件和传输模式的基础上,建立科学、合理的区域大气污染协同应急机制,有效实现区域大气污染应急管理的统筹协调。

2014年1月,长三角三省一市与国家八部委共同建立长三角区域大气污染防治协作机制,定期召开工作会议,制定区域大气污染防治工作方案,并在青奥会、G20等重大活动时联合开展空气质量保障工作。2014 年,长三角区域大气污染防治协作小组协商出台了《长三角区域空气重污染应急联动工作方案》,计划在预警级别、启动条件和应对措施上实现逐步对接。但目前长三角各省市的应急预案仍基于"行政区划导向"的政策设计,由生态环境部牵头、各行政区政府独立编制。各地应急预案在组织机构和操作规范等方面仍存在较大的差异,跨行政边界的横向协作机制设计也十分有限。

由中央政府主导的纵向府际合作模式过于依赖中央行政命令,形式上是区域合作,实际上仍是以行政区为主的"碎片化"被动式政策响应。由于缺乏明确的区域协作法律法规、权威的区域协作主管机构和具体的协作方案,各地大气环境应急指挥机构在应急协作中关联相对松散,无法对区域重污染天气应急响应方案进行及时协商和快速决策。长三角在大气环境应急管理过程中的区域协作能力偏弱,地区之间和部门之间的职责分工不明晰,联动性不强,需建立专门的应急协调机构并完善相关区域应急协作的法律法规体系。

### 三、应急响应措施的科学性不足

应急响应措施是为避免重污染天气出现而采取的污染防治措施。长三角三省一市在大气污染应急管理的过程中,都将工业企业限产和机动车限行作为基本的应急措施。但是各地重污染天气应急管理措施的制定过于笼统,未能结合污染源实际情况制定高效的精细化管理方案,可操作性较差。长三角各地在应急响应中仍存在响应措施不及时不合理等问题。"停哪些企业、怎么停、能不能停下来"等问题均未在应急响应预案中得到明确。

2018 年 6 月,长三角上报给生态环境部的应急减排措施清单暴露了三省一市在精细化应急治理方面存在的系列问题。三省一市的生态环保部门只对企业应急减排信息做了收集工作,并没有审核汇总。其中江苏省和安徽省还有部分城市没有上报企业应急减排措施信息,已上报的城市也存在上报企业数量少等问题(见表6-4)。三省一市上报的应急减排措施清单并未严格按要求对工业源清单中每条生产线或工序进行填报,填写的应急减排措施多为"百分比限产",很难在应急管理中有效落实。三省一市的移动源和扬尘源等应急减排措施也普遍存在信息填报不全、应急措施未填报的现象。

表6-4 2018年6月长三角工业源应急减排措施清单存在的问题

| 地区 | 应急减排措施清单存在的问题 |
| --- | --- |
| 上海市 | 共上报250家企业,只填报了不同预警等级下的管控措施,存在"百分比限产"等无法落地的措施 |
| 江苏省 | 只有9个城市共上报1 100余家企业,其中300多家未填报企业基础信息,应急管控措施几乎均为"百分比限产"等无法落地的措施 |
| 浙江省 | 共上报15 000余家工业企业,其中一半以上企业的基本信息等内容未按要求填报,2 000余家企业的应急管控措施为"百分比限产" |
| 安徽省 | 共上报1 900余家企业,除铜陵市外,其他城市的工业源应急管控措施几乎均为"百分比限产"、"减少工作时间"等无法落地的措施 |

此外,现有的大气污染应急管理缺乏相关的配套制度。仅环保部门的积极应对难以实现大气环境应急的精细化管理。相关配套制度的缺乏不仅无法取得有效的应急响应效果,也会影响区域社会经济系统的有效运转。强制限行私家车虽然能有效降低移动源排放,但面对固定的公众出行需求,在公共交通设施不能及时增加运输能力的情况下,各车站就会出现"一限行就人满为患"的问题。由于缺乏配套的产业发展规划,对重点行业采取限产停产措施也会导致"上游企业关停影响下游企业"的连锁反应,严重影响各地经济秩序[104]。大气环境应急管理需要在环保部门的主导下,由各相关部门积极配合,制定必要的城市规划、产业经济政策

等各方面完善的配套制度[114]。

### 四、应急响应管理中公众参与不足

当前长三角各地大气环境应急管理主要依赖政府的行政命令,公众参与明显不足。社会公众是重污染天气的直接受害者和空气质量改善的直接受益者。在大气环境应急管理中,应急机制的成功不仅需要政府的行政干预和经济刺激,还需要广泛的公众参与,以及政府、企业和公众之间的有效协调配合。

重污染天气和重大活动期间的应急措施会对居民生活和企业运行产生极大影响。当前长三角大气环境应急预案的公众参与部分主要侧重于倡导公众自觉采取污染减排措施和健康防护提醒措施。各地应急预案的制定和实施仍缺乏有效的社会沟通机制。尽管各地政府在制定重污染天气应急预案的过程中一般都会遵循征求社会意见、公开草案等立法程序,但这些程序大多浮于表面,并不能实现有效的沟通,各利益相关方不能各抒己见,无法达成一种合理、合法的社会共识。长三角地区应提高区域大气环境应急管理的公众参与,通过完善社会参与机制,实现应急管理的多主体合力。

## 第四节　构建长三角区域空气污染应急管理机制的对策建议

区域空气污染并非运动式环境风暴能够解决的。大气环境应急管理涉及时间和空间两个维度。时间维度包括大气环境风险识别、减缓、预警、应急响应和恢复的应急响应全过程;空间维度包括大气环境风险脆弱性和响应措施的空间分布以及不同行政区在应急管理中的空间合作[113]。长三角应充分考虑应急管理中时间和空间维度的二元关系,通过完善区域大气环境应急管理法律法规体系,强化区域间应急管理的协作,加强应急响应的精细化管理,提高应急管理中的公众参与,完善长三角区域大气污染应急管理机制。

## 一、完善区域大气环境应急管理的法律体系

面对我国重污染天气频发的趋势,我国应加强完善大气环境应急管理的法律体系,以常态化的法律制度规范区域大气环境应急管理。我国应在《环境保护法》和《大气污染防治法》的基础上,扩充关于重污染天气应急管理和重大活动期间空气质量保障的程序性规范,完善相关法律制度设计,从时间和空间维度重塑区域大气环境应急管理中各级政府、企业和公众之间的权益关系格局,明确应急管理制度的适用范围,构建依法行政与权力保障相统一的大气污染应急管理法律法规体系(见图 6-1)。

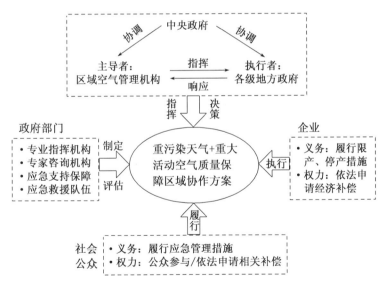

图 6-1 长三角区域大气环境应急管理主体间的权益关系格局

长三角地区需要在区域尺度完善重污染天气应急管理的法律法规制度，建立区域大气污染应急管理的组织体系和管理机制，合理分配不同层级政府的应急管理责任和各主体在环境应急管理的权利和义务，强化三省一市政府间以及政府、企业和社会之间的合作，将重污染天气应急管理的非常规决策建立在制度化的公共治理框架内。

首先，长三角地区应加强区域大气环境应急专项法规的制定，明确中央政府作为协调者、区域空气质量管理机构作为主导者、地方各级政府作为具体执行者的相应职责。相关法律法规应侧重规范大气应急管理区域合作机制的建设，明确区域合作的启动条件和合作程序，以及各地区相关部门的权利和义务分配。在跨地区大气污染发生时，长三角区域大气环境应急专项法规应以常态化的区域大气污染联防联控机制予以应对，在空间维度上有效分散大气污染应急管理的组织与资源压力。

其次，区域大气环境应急管理专项法规必须对政府部门、企业、社会组织和公众在重污染天气预警不同阶段中的职责、权利和义务做出全面细致的程序性规定，以确保大气环境应急管理在时间和空间维度发挥效用。应急管理专项法规还应加强大气重污染应急管理的预案评估和事后评估机制建设，明确具体的评估主体、评估内容以及评估手段，提高应急管理的效率。

再次，长三角地区应将重大活动空气质量保障纳入大气环境应急管理的法律范畴中。重大活动空气质量保障的法律规范应充分体现空气质量保障工作"预防为主、区域合作"的基本原则，规范应急保障工作的管理方式、步骤、时间期限和区域协作流程，增加保障措施的上位法支撑，使基于行政命令的应急行动上升为基于法律的应急治理行为。重大活动空气质量保障的法律规范内容还应包含应急管理过程中权力分配、资源配置、相关组织或个人行为的约束、奖励与惩罚等。

最后，重污染天气和重大活动空气质量保障的应急性决定了在突发事件状态下,国家行政权力可以限制或缩小企业和公民的权力。但大气环境应急管理在缩小企业和公民权力范围的同时,还需要在法律程序上规范公共权力进入私有领域的条件以及补偿方式,将私有权利的受损程度降到最低。大气环境应急法律制度在突出地方政府应急管理主导作用的同时,还应明确其他各类主体的参与权以及政府信息公开的义务,逐步整合社会资源,建立基于企业和社会公众的预警和应急响应机制[115]。大气环境应急管理的法律制度在强调行政命令手段的同时,应将应急管理与经济补偿手段相结合,通过有效的经济刺激手段,降低应急管理的成本。大气环境应急管理还应引入合理的权利补偿机制,弥补企业和公众在限行、限产、停产等强制应急措施中遭受的经济损失。

**二、强化区域重污染天气应急管理协作机制**

为推动重污染应急联动中的高效沟通与快速决策,长三角需要解决属地管理模式的行政缺陷,形成区域、省、市联动的重污染天气应急响应体系,合理分配不同层级政府的应急管理责任,在组织机构设置、预警级别、应急响应方案制定与实施等多方面强化区域衔接,在优化地方政府应急管理权责横向配置的基础上,形成有效的纵向指挥机构。

1. 明确大气环境应急联动的区域指挥机构

决策机制在环境应急管理中处于核心地位。当前区域重污染天气和重大活动空气质量保障的应急联动大都基于生态环境部的垂直管控,难以发挥各地方政府在微观管理中的主观能动性和信息对称优势。各级政府机构在垂直管控过程中容易出现沟通不畅、效率低下等问题。2014年长三角三省一市和国家八部委组成长三角区域大气污染防治协作机制,明确了"协商统筹、责任共担、信息共享、联防联控"的区域协作原则。但是目前长三角区域一体化的大气环境应急管理机制仍大多停留在文件上,缺乏实质的执行机制和政策手段。

长三角地区应强化区域大气环境应急管理机构的建设。目前，我国跨区域组织的建立和运行仍缺乏具体的法律支撑和实践经验。长三角区域空气质量管理机构可通过强化华东督查局的管理权限，使其成为长三角区域重污染天气和重大活动空气质量保障的应急指挥机构。华东督察局是生态环境部直接派出的区域执法监督机构，负责上海、江苏、浙江、安徽、福建、江西和山东六省一市的环境执法督查工作。华东督察局也负责长三角区域重大活动、重点时期空气质量保障督查和重特大突发生态环境事件应急响应和调查处理的督查。直接赋予华东督察局区域空气质量应急管理的权力会破除长三角三省一市共同应急响应的阻力和障碍，加强各地区在区域大气污染联防联控中的横向合作。

长三角区域空气质量管理机构应加强各省市大气重污染应急管理机构之间的联系，在制定应急规划、编制应急预案、开展应急演练等应急管理过程中加强区域大气污染联防联控，实现重污染天气应急管理与空气污染常态化管理的有机结合。在一体化的重污染天气应急管理方面，长三角区域空气质量管理机构需要规范三省一市预警发布、调整和解除条件，在统一预警分级标准的同时采取相对统一的应急响应措施，强化区域应急协作，共同减缓重污染天气的影响。

除了区域应急指挥机构建设外，长三角区域空气质量管理机构还应加强大气重污染应急队伍的职业化、专业化建设。由于政府的行政编制限制，当前长三角区域大气污染应急管理人员大多已有固定的职能，应急管理的专业化程度较低[104]。与此同时，大气重污染事件应急管理具有紧迫性和专业性。专业化和专职化的应急队伍才能在应对频繁发生的重污染天气时快速做出判断。区域大气环境应急管理专职化队伍建设有利于各地合理、合法、高效地实施应急预案中的响应措施，加强区域间的应急响应协作。

2. 逐步统一区域预警分级标准

统一的重污染天气预警标准设置是长三角各地实现区域应急

响应联动的首要条件。长三角三省一市都依据污染持续时间和严重程度两个主要因素来设置重污染天气预警分级标准。由于侧重点不同,各地的预警标准仍存在较大的差异。当发生区域性重污染天气时,三省一市在应急响应过程中会出现污染程度类似但预警级别却不相同的现象,影响了区域大气污染应急响应的协作和联防联控效果。

作为临时性措施,空气重污染应急预警的核心是保护公众健康。各地政府不一致的空气污染预警分级标准会给社会公众造成困惑。类似的空气污染程度下,相邻省份发布的不同级别预警会给社会造成一种假象,认为发布红色预警的城市污染更严重。与空气质量分级类似,空气重污染预警分级也应以统一的标准来衡量空气重污染程度,并用同一标准指导公众进行健康防护。统一的区域空气污染预警分级标准会使公众对空气污染程度及应采取的防护措施有一个统一的判断标准,有利于区域一体化的应急管理。除预警分级标准外,长三角各地也应逐步统一各预警级别下的减排措施力度。

3. 加强大气环境应急管理措施的区域协同

大气环境应急措施的区域协同并不是要求各地制定整齐划一的应急预案。在区域重污染天气应急中,各地区不同的空气污染程度和污染源特征要求决策者在制定应急预案时需综合考虑地区差异性。空气污染的跨界特性需要各地政府在属地应急措施的基础上,建立起相互衔接的区域性行动框架。区域大气环境应急管理目标的制定和实施必须建立在三省一市协商一致的基础上,体现"社会成本最小化、减排责任公平化、控制标准一体化、发展权益均等化"的区域协作原则[116]。

长三角三省一市的应急预案需要在交通限行和重点行业限产、停产等具有跨界联动效应的强制减排措施领域进一步提高协同度。当前,长三角已初步建立了区域高污染机动车的异地协同监管机制。2015 年,长三角区域大气污染防治协作小组办公室印发《长三角区域协同推进高污染车辆环保治理的行动计划》,通过高污染车辆限行、严格排放检测、落实运营车辆行业管理、强化数据共享等措施实施异地协同监管执法。长三角应依托现有的区域车辆环保信息共享平台,构建重污染天气机动车应急管理的区域协作方案,提高应急管理中移动源的污染减排效率。在重点行业的限产、停产等措施方面,长三角区域空气质量管理机构应综合考虑区域污染传输和经济一体化等因素,通过构建区域间补偿机制,在兼顾公平的基础上选择经济损失最小,减排效果最优的减排方案。

为避免区域大气环境应急管理中地方保护主义和跨区域监管盲区问题,长三角区域空气质量管理机构应联合四地的环保部门构建跨区域大气污染联合检查交叉执法机制。联合检查和交叉执法应重点检查各省市边界地区的重点排污单位,以监督和查处淘汰燃煤小锅炉和落后产能、重点行业污染治理、施工工地扬尘监管、黄标车治理等为主要工作内容,通过定期或不定期的联动检查与交叉执法和重污染天气应急联动执法等方式协调跨区域大气污染纠纷,推动区域环境空气质量持续改善。

长三角区域空气质量管理机构还应构建区域大气污染应急督查机制,督查部门应急联动机制的建设和应急预案等大气应急管理制度的落实。区域大气污染应急督查机制应注重督企与督政相结合以及日常与应急相结合两方面[117]。政府是落实大气污染治理计划的责任主体,也是重污染天气实施应急响应措施的责任主体。应急督查在督查企业日常环境监管和应急减排响应的同时也应加强督查地方政府在应急中的作为程度。区域大气应急督查不仅应该包含针对重污染天气或重大活动期间等特殊时段的应急督查,还应包含非应急状态下的日常督查。日常督查是推进地方大气环境治理、防患于未然的必要手段。强化日常预警督查会在重污染天气出现前及时发现各地日常环境监管中的问题,减少应急督查的需求。

### 三、实现区域大气污染应急精细化管理

区域大气污染应急管理是一项系统工程。三省一市在修订重污染天气和重大活动空气质量保障的应急预案时应充分考虑可操作性和衔接性，通过制定相关配套措施、开展联合应急演练等，强化区域应急能力建设，提高区域大气污染应急响应的科学性和精准性。

当前长三角区域的空气污染应急管理仍然属于较粗放的"运动式"管理模式。"一刀切"的粗放应急管理模式可以通过较强的行政压力，在区域范围内形成短期协作机制，取得较好的大气污染减排效果，但这种减排效果缺乏可持续性。粗放式的管理模式也存在局部利益损失过大、挫伤生产者积极性等负面影响。相较常态化的大气污染防治，大气环境应急管理需要平衡好保护公众健康和维持城市正常生产生活的矛盾诉求，通过加强管理的针对性、提高管理的灵活性和考核应急管理的经济性等方式实现精细化的区域大气污染应急管理。

1. 加强应急管理措施的针对性和可操作性

差别化的空气污染程度、污染源特征和区域间污染传输模式需要长三角在制定区域重污染天气应急预案时，综合考虑地区差异性和污染源的时空变化特征（如秋冬季、秸秆焚烧和供暖期、节假日及出行高峰），进一步细化各地的应急响应措施，提高其针对性和可操作性[111]。长三角应在污染源解析和大气污染扩散预测模式基础上，明确应急管理的主要矛盾，科学制定削减方案，优先控制高贡献率污染源，提高应急响应的速度与效果。

燃煤电厂、工业燃煤锅炉、散烧煤和机动车等排放的"二次颗粒物"是导致中国东部地区秋冬季出现灰霾的重要原因。未来一段时间，长三角仍需在"控煤、控车、控油"三大领域做深入细致的工作，严格防治燃煤电厂湿法脱硫后排放的酸性气体，加强燃煤设施硫酸盐和有机物的脱除工作，通过推进天然气、核能和可再生能

源进一步降低煤烟型污染。此外,长三角区域应加快淘汰老旧车辆,加大餐饮行业和露天烧烤油烟治理,减少机动车和餐饮业的有机物排放,有效降低大气颗粒物中的有机物组分。

大气污染应急管理需要社会各部门协同合作,并在应急预案中予以明确。长三角在制定应急预案时应将重污染应急管理与城市总体规划相结合,督促交通、电力、工业等相关部门依据应急减排措施分别制定详细的部门配套支撑方案,提高应急管理措施的可操作性。配套支撑方案包括在降低移动源污染排放的同时增强公共交通设施的调度能力,在压减燃煤电厂发电量的同时提前增加燃气电厂发电量,提高区外来电购入比例,保证电网整体供需平衡等。配套方案的实施将有效加强应急管理的部门联动,在保障短期应急效果的同时维持城市的正常生产生活。

2. 引入市场手段增强应急响应的灵活性

当前长三角的大气污染应急管理措施过于依赖政府的作用,市场调节与社会参与机制并不健全。政府强制性的行政管理将大气污染应急管理视为政府及公共部门的专有责任,将会导致政府无限责任、政府应急资源配置低效和政府失灵等风险。市场和社会也是公共应急资源的筹集者。合理的市场措施将有效弥补政府的资源短缺,提高资源配置效率。长三角需要在大气污染应急管理中积极引入市场手段,充分发挥经济手段在区域节能减排、改善能源消费结构和淘汰落后产能中的作用,增加应急响应的灵活性。

应急响应措施通常通过强制限产、限行措施降低污染排放。这些强制性措施会影响城市的正常运行,产生较大的局部利益损失,挫伤生产者的积极性。因此,长三角还应通过建立空气质量保障基金和区域生态补偿等措施建立健全区域大气污染应急的利益协调与补偿机制,降低应急响应阻力,激励相关主体主动参与治污行动[118]。区域空气质量保障基金应由中央财政设立的应急专项治理资金和三省一市共同出资的治理合作基金两部分组成,对地方政府和企业给予及时补偿。长三角区域空气质量管理机构应针对区域空气质量保障基金的使用制定详细的指南。区域空气质量保障基金通过对积极从事污染治理的主体和经济技术落后地区提供经济奖励或支持的方式提高相关主体应急响应的积极性。具体措施包括对因应急停产、限产的企业给予短期税收减免，并从保障基金中及时调拨资金补偿地方财政损失等。

由于空气污染的跨区域传输特征，长三角应尝试建立地区间生态补偿机制，以区域范围为尺度，明晰跨区域公共事务的责任机制，根据地区间大气污染传输特征，建立区域基金或区域财政转移支付激励区域合作、促进共赢。由于区域间减排成本的差异，长三角区域生态补偿机制应基于"受益者补偿"原则，对应急减排成本低的地区提供经济激励，促进区域污染控制成本最小化和减排责任公平化。

3. 增强应急管理决策的经济性

重污染天气和重大活动的应急管理均强调要在短期内取得较为明显的减排效果[114]。区域大气环境应急管理存在多种应急措施组合，对应着不同的社会成本和收益。在追求短期速效的同时，大气污染应急管理必须摒弃不计代价的"运动式"治理理念，强化应急响应的效率，寻求成本最小的应急策略组合。长三角区域的应急管理决策应在科学模拟各类减排措施减排效果的基础上，运用费用效益分析方法在减排措施、减排成本和减排效果间建立起明确的定量关系，分析不同减排路径情景的有效性。

针对污染预警过程的不确定性、污染影响的危害性及减排措施的可行性，长三角地区的应急决策应在综合分析污染危害、经济损失和社会影响等因素的基础上，选择同等污染减排效果下污染控制总成本最小的减排措施组合[109]。对减排措施的费用效益评估会增强应急管理决策的经济性，实现社会资源的有效配置，提高长三角大气环境应急管理的长效性。

### 四、提高区域大气环境应急管理的公众参与

长三角应提高区域大气环境应急管理的公众参与,通过完善社会参与机制,实现应急管理的多主体合力。长三角区域应加强宣传与引导、完善专家参与机制、建立应急预案听证程序和应急预案评估体系,推动社会力量参与区域大气污染应急管理体制建设。

长三角应加强大气环境应急管理公众参与的宣传与引导。首先,政府应加大环境普法和宣传力度,提倡公众绿色出行等绿色消费行为,提高公众的责任意识;其次,政府需要及时准确发布空气质量信息预报和建议应对措施,帮助公众客观了解空气污染状况、潜在的健康影响和应对措施,提醒公众合理规划出行,引导公众做好卫生防护,缓解公众不必要的紧张情绪,降低重污染天气下公众的健康损害[106];最后,政府应鼓励公众对污染行为的投诉和举报,并及时受理各类污染的投诉和举报,调动公众参与大气污染防治的积极性。

政府也应特别重视媒体在应急管理中作用,清晰媒体的角色定位与功能。媒体在大气环境应急管理中承担着信息传递、舆论引导和监督的责任,为各类社会组织和公众提供空气污染信息和舆论空间。在重污染天气预警信息发布后,政府相关部门需要及时通过电视、广播、网络等方式通知公众加强健康防护。同时,各级政府也需要通过召开新闻发布会、组织专家对重污染天气应急管理进行解读等方式,全面、客观地报道重污染天气应对工作,加强舆论引导,帮助公众建立合理的心理预期。媒体也是大气环境应急管理的重要监督者,可对各地政府和企业的应急减排措施落实情况进行有效监督。

重污染天气的应急管理具有紧迫性和专业性等特点。重污染天气形成原因的复杂性决定了只有相应领域的专家和学者才能处理此类信息。尽管长三角各地政府已经成立了相关专家库,帮助指导政府的应急管理决策,当前的专家参与机制仍存在很大缺陷。

专家库中的专家仍主要以咨询为主,并没有参与整个应急预案的制定、出台、响应和评估改善过程。专家的分析和意见对应急决策制定的影响力仍有限。长三角地区应持续完善应急管理中的专家参与机制,通过全过程的专家参与提高应急决策的科学性和经济性。

长三角区域应在应急预案的制定过程中建立法定听证程序,加强政府、公众、企业和专家之间的相互沟通,提高各方对预案的认同,减少执行中出现的矛盾。各地需要针对工业企业停产、限产措施的落实情况,与各企业多次交流沟通,签订应急责任承诺书。同时长三角也应对应急预案的实施效果进行有效的后评估管理,通过固定的评估体系或独立的第三方评估来评价每次应急响应的实施成效,不断改进完善区域大气环境应急预案。

# 第七章

# 长三角区域大气污染防治
# 的长效管理制度框架

## 第一节　长三角区域大气污染协作治理的进展

作为我国经济最发达、人口最密集、能源消耗最多、污染物排放最密集的区域,近年来长三角地区大气污染呈现出明显的区域性和复合型特征。地缘上的相邻,集聚的产业链和密集的交通网络使长三角各地的大气污染问题和污染特征趋同,交叉污染严重。任何一个地区都无法独自解决区域性大气污染问题。

2010 年上海市世博会期间,长三角各地通过重点行业污染控制、机动车污染排放统一标识管理、环境空气质量监测数据和重点污染源排放信息共享等措施,取得了较好的区域大气污染防治协作效果。2014 年,长三角三省一市和国家八部委共同启动长三角区域大气污染防治协作机制,为区域大气污染防治长效管理机制的形成提供了基本的组织制度保障,使常态化的区域减排治污协作成为可能。

自区域大气污染防治协作机制建立以来,长三角区域主要大气污染物浓度显著下降。2017 年长三角区域 $PM_{2.5}$ 平均浓度为44 微克/立方米,比 2013 年下降了 34.3%,超额完成 20% 的控制目标。尽管空气污染程度有所缓解,但长三角区域 $PM_{2.5}$ 超标情况仍比较严重,空气质量改善效果并不稳固。近年来,长三角区域臭氧污染日益凸显,成为近期及未来很长一段时期主要的环境空气问题。从《大气污染防治行动计划》到《打赢蓝天保卫战三年行动计划》,长三角区域空气质量管理目标的设定也愈加严格细化。污染物治理重点由 $PM_{2.5}$ 转向 $PM_{2.5}$ 和臭氧协同控制,管理目标由年尺度深入减少秋冬季重污染天数和污染程度的日尺度精细化空气质量管理模式。

在长三角区域大气污染防治协作机制的推动下,长三角三省一市在区域协作机构建设、大气点源治理、移动源管控、一体化的联防联控机制构建和区域空气污染应急保障机制等多个方面推进长三角区域的大气污染协作治理。长三角区域大气污染防治协作机制不断健全,拥有具有一定决策权的组织管理机构,并在部分议程上开始实现常态化区域大气污染防治协作。在区域联防联控的实践中,长三角大气污染防治协作机制也由构建互信的"浅表协作"逐步转向构建协作平台的"中度协作"和联防联控的"深度协作",协作的深度和广度不断扩大,并在不同的议题上呈现出差异化的协作进程。

## 一、大气点源治理

在长三角区域大气污染防治协作中,大气点源协作治理仍停留在浅表层面。虽然三省一市的大气点源治理均共同聚焦产业结构转型、能源结构调整和重点行业的清洁生产改造,但是当前各地点源治理的年度协作任务仍大多基于国家《长三角地区重点行业大气污染限期治理方案》的目标要求,区域协作尚未深入减排责任的划分和治理方案的联合执行与监管。长三角大气点源治理协作的背后仍是"属地化"的治理机制。三省一市的产业结构调整缺少区域统筹安排,污染排放总量目标的分配与监管也缺少区域性管理手段的支撑,重点行业的环境准入标准仍未实现有效对接。长三角区域点源污染防治仍处于"浅表协作"状态,未能实现真正意义上的协作。

### 二、移动源管控

移动源的流动性使其率先成为长三角区域大气污染防治协作的重点领域。相对"浅表协作"的区域大气点源治理，长三角在移动源大气污染管控方面已建立"深度协作"机制。早在 2010 年上海世博会空气质量保障中，长三角区域就曾经实施过机动车环保标志互认和机动车污染控制联动。世博会结束后，这一协作机制的可持续性没有得到保证。2015 年长三角区域大气污染防治协作小组工作会议将高污染车辆的环保治理与港口、船舶的相关治理列为年度工作重点，出台《长三角区域协同推进高污染车辆环保治理的行动计划》和《长三角区域协同推进港口船舶大气污染防治工作方案》等文件，推动机动车和船舶等移动源的区域协同治理。

目前，长三角区域已建成了区域机动车信息共享平台，实现机动车管理、执法和处罚的区域联动，加速黄标车和老旧车辆淘汰。在港口和船舶大气污染防治方面，长三角地区于 2016 年 4 月率先在上海港、宁波-舟山港、苏州港和南通港这四个核心港口建立长三角水域船舶排放控制区，实施船舶靠岸停泊期间低排放控制措施。2017 年 9 月，长三角将船舶排放控制区建设从核心港口扩大到区域内全部港口，在港口岸电应用、低硫油供应保障、强化港口区域大气污染监测和监管执法等方面实现常态化协同管理。2019年，长三角区域污染防治协作小组审议通过《长三角区域柴油货车污染协同治理行动方案（2018—2020 年）》和《长三角区域港口货运和集装箱转运专项治理（含岸电使用）实施方案》，细化区域移动源管控的协作。

### 三、重污染天气应急管控

重污染天气应急管控要求各责任主体在短期内针对主要污染源采取高强度减排措施，避免重污染天气出现或减少重污染状态的持续时间。长三角区域在重污染天气应急管理方面正从"中度协作"向"深度协作"阶段转变。重污染天气应急管控已成为长三角区域大气污染防治的常态化机制之一。2014 年长三角区域大气污染防治协作小组出台《长三角区域空气重污染应急联动工作方案》,启动区域空气质量预测预报体系和区域环境气象预报预警体系建设。目前,长三角区域空气质量预测预报中心包含"一个区域中心和四个省市分中心"的预测预报系统平台,承担区域内空气质量 7 天预测预报的职责,并通过跨区域空气质量联合可视化会商机制为重污染天气应急管理提供技术支撑。但是,长三角各地在重污染天气应急预案的预警级别和应急响应上仍存在较大差异,缺乏区域统一的预警响应标准,影响区域重污染天气的统一应对。随着秋冬季大气污染综合治理行动的开展,长三角区域的重污染天气管控正逐步转向常态化和精细化管理,应对策略开始因地制宜注重方案的差别化和污染控制成本的有效性。

### 四、重大活动空气质量保障

重大活动空气质量保障工作要求区域相关省市共同制定和实施空气质量保障方案,提前启动应急减排措施,确保活动期间举办地及其周边区域良好的空气质量。目前,长三角地区已在 2010 年上海世博会、2014 年南京青奥会和 2016 年杭州 G20 峰会等多次重大活动中成功开展空气质量保障工作,并通过多次"实战演练"不断完善协作经验。在 G20 峰会空气质量保障工作中,中央政府与上海市、江苏省、浙江省、安徽省和江西省政府共同成立 G20 空气质量保障协作机制,共同研究制定《G20 峰会长三角及周边地区协作空气环境质量保障方案》,并通过构建空气质量研判与会商平台、加强应急演练和执法监管、落实会议前大气污染整治和会议期间的应急联动措施,协同保障活动期间的空气质量水平。重大活动空气质量保障的多项成功实践使长三角在监测预警体系、行政管控措施和监督执法等方面积累了诸多协作经验。

### 五、区域一体化的大气污染防治政策

区域大气污染联防联控的核心是一体化的目标和行动,通过"统一规划、统一防治、统一监测、统一评估、统一监管"的工作机制,形成区域统调、部门合作、行业跟进的区域空气质量改善长效机制。一体化的联防联控政策体系要求长三角健全区域环境空气质量和污染源监测网络,构建一体化的环境准入政策和环境经济政策体系,通过统一的日常监管和应急减排考核评估,实行区域联合监督和交叉执法[3]。

长三角区域一体化大气污染防治的政策保障始于信息共享。目前,长三角区域已实现了区域空气质量、污染源排放清单、严重失信企业名单等数据常态化共享。区域内环境信息的流通为长三角区域污染防治的科学化、精细化和一体化奠定基础。自2014年开始,长三角三省一市通过互联互通黄标车和老旧车辆信息,为机动车异地协同管理提供有力支撑。长三角区域空气质量预测预报中心通过共享区域大气重点污染源、国控站点和部分超级站监测数据的信息完善了区域空气质量预测预报机制。2018年,长三角地区开始通过共享互通区域环境信用信息实施跨区域联合奖惩机制,联合推动区域环境信用管理制度的建设,逐步推进区域环境信用管理一体化。长三角环保信用一体化加大了对环保诚信企业的正向引导,为区域环境准入和绿色金融等政策实施提供数据支撑。

在科技支撑领域,长三角区域也实现了深度协作。长三角区域空气质量预测预报中心和长三角环境气象预报预警中心联合建立了区域空气质量预报预警业务,推动三省一市在重污染天气应急管理中的协同应对。在原环保部和科技部的支持下,长三角启动一系列区域大气污染防治的重大科研项目,开展大气污染防治联合科研攻关。环保部公益项目"长三角大气质量改善与综合管理关键技术研究"、科技部国家科技支撑项目"长三角区域大气污染联防联控支撑技术研发及应用"和国家重点研发计划项目"长三

角 $PM_{2.5}$ 和 $O_3$ 协同防控策略与技术集成示范"的开展都持续推动了长三角区域大气污染防治的科学化和精准化。三省一市通过组建区域大气污染防治专家小组,启动"国家环境保护城市大气复合污染成因与防治重点实验室"等为长三角区域空气质量持续改善提供技术保障。2018 年,成立长三角区域环境联合研究中心,通过在三省一市环境科学研究院间搭建协作研究平台,在区域重点环境问题和生态环境关键技术领域展开联合研究,为区域环境治理措施的落实提供有利的科技支撑。

在区域法规标准对接方面,长三角三省一市在 2014—2016 年间相继出台或修订地区大气污染防治条例,均设专章明确了区域大气污染联防联控制度,为长三角地区开展应急联动、信息共享、沟通协调和联合执法等提供法制保障。2016 年新修订的《上海市环境保护条例》再次将长三角区域环境管理联防联控入法,进一步明确建立区域沟通协调机制,将联防联控从大气污染防治推广至区域生态文明建设的重点领域。自 2014 年起,长三角三省一市人大常委会就定期开展区域立法工作协同座谈会,推动协同立法机制建设,在协作机制、原则、项目遴选等方面形成共识。在环境标准对接方面,长三角三省一市启动了环保标准制定与发布的信息共享机制,通过研讨会和文件交流等方式推动三省一市在环保标准制定和修订工作中进行沟通借鉴。目前,长三角三省一市已在 VOCs 治理政策和技术规范方面实现常态化交流。2018 年 10 月,三省一市签署《长三角区域环境保护标准协调统一工作备忘录》,计划在实践中尽可能向高标准看齐,逐步提升环保标准和技术规范,推动区域环境标准的统一。

在执法方面,长三角三省一市已经在深入协作的移动源管控和重大活动空气质量保障领域展开联动执法检查。近年来,三省一市环保部门共同签署了《长三角地区环境执法区域联动倡议书》,计划在属地负责的基础上,通过互通协作和联防联控合力推进长三角区域环境执法联动的常态化。2018 年,长三角四地检察机关共同签署《关于建立长三角区域生态环境保护司法协作机制的意见》，在统一生态环境保护司法尺度和证据认定标准，促进区域间法律适用的一致性和协调性等方面形成共识。四地检察机关计划通过建立日常工作联络、信息资源共享、案件办理、研讨交流和新闻宣传五项协作机制共同推进生态环保领域跨区域司法协作机制建设。

2019 年，长三角三省一市联合签署《加强长三角临界地区省级以下生态环境协作机制建设工作备忘录》，推动临界地区污染防治协作机制建立。江浙沪地区毗邻的上海市青浦区、江苏省苏州市吴江区、浙江省嘉兴市嘉善县政府也联合签署《关于一体化生态环境综合治理工作合作框架协议》，成立长三角一体化示范区，计划打破行政壁垒，通过沟通协调区域中长期社会经济发展规划、共同编制区域环境保护规划，加大区域间环保基础设施投入等措施在示范区层面实现各领域的深入协作。毗邻的三地政府计划通过定期组织突发环境事件演练、协同开展环保专项整治、联动执法查处违法排污企业等实现环境污染防治的"零距离"合作。长三角区域大气污染联防联控正推动长三角区域环境一体化向纵深发展。

## 第二节　长三角区域污染防治协作存在的问题与瓶颈

自 2014 年长三角区域大气污染防治协作机制正式启动以来，长三角三省一市已逐步形成了"国家指导、区域协同、地方负责"的区域污染防治协作机制，推动长三角区域环境空气质量显著改善。目前，长三角已基本形成了常态化、实体化和分层次的区域环境管理协商推进模式，区域大气污染防治协作机制日趋完善。长三角已经在移动源管控、重大活动空气质量保障、环境信用一体化等领域实现常态化、实体化的深入协作。联防联控的内容更加全面，重点更加突出、协作更加密切。在一体化联防联控的政策保障中，长三角也通过部门协作和一体化示范区建设等不断深化协作内容、完善协作机制。综合国内外大气污染联防联控的经验和长三角区域协作的实践,长三角区域大气污染防治协作机制在取得显著成效的同时还存在以下问题。

首先,长三角区域大气污染防治协作缺乏具有法律授权效力的区域空气质量管理机构。长三角区域大气污染防治协作小组在协调各区域行政主体之间利益,推动重点领域区域大气污染联防联控方面发挥了重要的作用。但是,目前长三角的区域协作仍以横向府际合作为主导,缺乏有力的联动治理机制。由于不具备执法权和处罚权,协作小组的权威性不足,对协作内容执行的强制性有限。长三角缺乏权威的区域空气质量管理机构来系统强化区域大气污染防治协作的顶层设计和防控路径,明确联防联控政策的干系人责任机制。长三角针对大气点源治理的区域协作仍是以行政区为主的"碎片化"松散治理,并未形成真正意义上的区域协作。

其次,碎片化的环境管理制度体系使长三角大气点源治理协作缺乏常态化的协作机制。当前我国大气点源管理制度体系呈现碎片化状态,缺乏核心的点源管理政策,各项管理制度间的衔接性不足,增加了环保部门和企业的环境监管成本并降低了各项政策的权威性。长三角在重大活动空气质量保障和重污染天气应急管理中强制性的点源治理措施不具有可持续性。应急结束后,临时性控制方案的解除可能会导致大气污染的回升。随着长三角区域大气污染防治协作进入精准防治的攻坚阶段,碎片化的点源管理制度体系已无法满足长三角区域点源动态化精细管理的需求。

再次,以政府管制为主的区域协作措施难以实现长三角区域空气质量精细化、高效率管理的需求。目前长三角的大气污染减排大多通过行政命令和政府补贴加以落实,难以应对复杂且量大面广的大气污染物排放控制需求,面临着政策执行成本高、执行效率偏低和政策效果难以长期维持等问题。长三角区域在机动车污染协同监管、船舶港口控制区、挥发性有机物污染协同防治和环境保护领域信用联合奖惩等重点协作领域所采用的政策措施大多为政府管制为主的命令控制型措施。除了区域环境信用一体化的试点外,长三角在区域大气污染防治协作中缺乏有效的市场激励型措施来调动各级政府和各行业的积极性,解决区域经济发展不平衡的矛盾。

最后,长三角三省一市的社会经济发展不平衡,各地发展权益和减排责任之间的利益冲突增加了区域大气污染防治协作的难度。三省一市中,安徽省的经济发展水平与江浙沪存在较大差距。2017 年,安徽省人均 GDP 仅为上海市的三分之一,不到江苏省和浙江省的二分之一。与此同时,安徽省面临着长三角区域最严峻的环境空气污染问题。2017 年,安徽省 $PM_{2.5}$ 年均浓度为 56 ug/$m^3$,远高于上海市和浙江省的 39 ug/$m^3$ 和江苏省的 49 ug/$m^3$。对于经济基础相对薄弱、环境投入不足且环境质量相对较差的安徽省来说,实现长三角区域大气污染一体化联防联控的挑战更艰巨。经济社会条件的差异增加了长三角区域大气污染防治协作的难度。此外,长三角目前还存在大气污染物排放底数不清、污染机理不明等问题。区域大气污染成因的复杂性和当前科技支撑不足使区域大气污染联防联控无法明确区分各地的减排责任,难以推动污染治理协作公平高效地开展。

## 第三节　长三角区域大气污染防治长效管理制度框架

自区域大气污染防治协作机制启动以来,长三角区域大气污染防治协作不断向纵深发展,深度协作领域正从机动车和船舶等移动源联防联控、重大活动空气质量保障向环保领域失信行为联合惩戒、挥发性有机物管理和秋冬季大气污染防治等领域拓展。长三角区域大气污染防治协作机制也由临时性措施向常态化治理转变。三省一市间社会经济发展水平的差异导致各行政主体的利益诉求不一致。长三角在大气点源治理和重污染天气应急管理领域的协作进展缓慢,无法支撑区域大气污染常态化精准管理的需求。基于国外区域大气污染防治协作的经验和长三角区域协作实践的案例研究,本章从以下几方面为构建长三角区域大气污染防治长效协作机制提供政策建议。

**一、成立区域空气质量管理机构,为区域协作提供组织支持**

区域大气污染防治协作的复杂性要求协调机构具备足够的行政权力和协调能力,能够化解各地方政府间以及不同管理部门间的利益矛盾[4]。目前,长三角区域大气污染防治协作机制为三省一市提供了基本的协作平台,但仍存在权威性不足、统筹协调能力薄弱和专业化人力物力资源短缺等问题。长三角亟须建立具有法律授权效力的空气质量管理机构,采取统一的规划战略和政策措施,对区域大气污染源实施统一管理。权威的区域空气质量管理机构可避免因各地政府和各相关部门博弈而导致空气质量管理效率低下的问题,更好地推动区域空气质量管理信息的流动,提高区域大气点源管控的专业化水平和政策执行效率。

长三角三省一市应打破属地管理的限制,将区域内各省市排污许可总量分配权和重要功能区的污染物排放审批权上移至区域空气质量管理机构。区域空气质量管理机构可依据跨区域污染传输模型并综合各地的社会经济状况、环境容量、环境质量目标和环境管理能力等,科学计算并分配三省一市的污染物许可排放总量,提高区域排污许可管理的科学性和权威性,为构建区域统一的大气污染物排放交易市场奠定政策基础。此外,区域空气质量管理机构还应在重点功能区的新、改、扩建项目以及毗邻地区石化、化工、有色金属和钢铁等高耗能重污染企业新、改建项目的环保审批过程开展省际会商,协商确定审批建议。

长三角区域空气质量管理机构可依托生态环境部华东督查局建立有效的监督机制。华东督察局是生态环境部直接派出的区域执法监督机构,负责上海、江苏、浙江、安徽、福建、江西和山东六省一市的环境执法督查工作以及区域重大活动和重点时期空气质量保障的督查。长三角区域空气质量管理机构可通过强化华东督查局的管理权限,使其成为区域大气污染防治常态化治理的监察机构和大气应急管理的指挥机构。赋予华东督察局监督长三角区域大气污染防治协作的权限会强化长三角三省一市在大气污染联防联控中的横向合作机制。

## 二、实施区域大气点源排污许可制度,探索建立区域排污权交易制度

长三角区域应实施区域大气点源排污许可制度,通过区域排放总量管理和排放许可量分配,有效衔接各项点源管理制度,推动长三角污染源管理从总量控制向环境质量改善转变。长三角区域空气质量管理机构应在全国层面排污许可证管理要求基础上,制定基于区域空气质量改善目标的更严格的区域点源排污许可管理要求。三省一市的环保部门可通过调控排污许可的发放量以及证后监管,使排污许可制度作为总量控制制度实施的载体,实现对长三角区域空气质量的精细化、常态化管理。

长三角区域空气质量管理机构应依托区域排污许可制度探索建立基于区域空气质量改善的大气排污权交易制度。目前长三角地区的大气污染减排大多通过行政命令和政府补贴加以落实,难以应对复杂且量大面广的大气污染物排放控制需求。仅依靠总量控制和排污许可管理的命令控制型手段已难以应对当前区域大气污染监管难度高和社会成本高的挑战。长三角区域亟须建立区域排污权交易制度,通过合理赋予排污权价值属性,运用市场机制和经济杠杆实现长三角区域大气点源联防联控成本最优化。

在区域大气污染物排放交易体系下,区域内排污单位可通过升级减排控制技术,不断降低污染物排放量,将多余的排放量配额与其他排污单位进行交易,实现边际减排成本的最低化。政府可根据区域大气点源的排污水平和空气质量管理目标,不断减少区域点源排放总量配额,循序渐进促进整个区域污染控制技术的升

级和产业结构的调整,最终实现长三角区域空气质量的持续改善。

长三角区域应依托浙江省排污权有偿使用和交易的经验,设置条块联动的区域排污交易框架体系,统一建立交易规则,活跃二级交易市场。基于区域排污许可制度,区域排污权交易制度应突破原有行政区划分割,允许排污权在区域内行业和企业间自由流动,通过边际减排成本的差异活跃区域排污交易市场。为保障区域排污交易市场公平、有序地运行,长三角应统一区域的点源监测、报告、核查体系,并将相关要求嵌入区域排污许可证的证后监管中,严格监管排污交易市场。此外,长三角区域空气质量管理机构还应设立区域排污交易管理中心,统一排污权登记账户管理,形成长三角排污权交易及管理平台,提升区域大气污染的联动管理效能。三省一市主管部门可依托现有平台,设立省级排污交易分中心,负责本行政区排污权分配及交易的协调管理。

### 三、构建常态化的区域大气环境管理制度

长三角应从制度上突破"运动式"的大气污染治理模式,构建常态化的区域大气环境管理制度。三省一市应全面完善区域大气污染治理的信息共享、利益协调和监督核查机制,强化区域大气污染协同治理的法律基础。基于"统一规划、统一监测、统一监管、统一评估、统一防治"的工作机制,三省一市应将大气污染防治与产业、能源、交通和城市规划等社会经济要素结合,实现区域大气污染防治协作与长三角区域一体化和经济升级转型的有效衔接,推动长三角区域社会、经济、环境的协调发展。

长三角区域大气污染防治协作应建立区域大气环境生态补偿机制。区域社会经济发展不平衡导致长三角各地政府的利益诉求不一致。污染治理收益的"外溢性"使各地在大气污染防治协作中存在减排责任和收益不匹配的现象[4]。长三角区域空气质量管理机构应加强跨界污染的监测和核查,通过跨区域污染传输模型测算,更科学地制定各地区和各行业的减排目标。针对重点污染区

域、主要传输通道和相互影响区域实施分区管控的同时,长三角应通过灵活、多元的生态补偿制度平衡各地区不同的利益诉求,通过经济激励解决区域协作动力不足的问题。

常态化的区域大气污染防治协作需要长三角将区域大气污染防治协作指标纳入政府官员政绩考核机制,通过加强区域统一监督和执法,强化对地方政府区域协作表现的考核。传统的官员政绩考核方式使地方官员对区域间横向合作缺乏兴趣。生态环境部和长三角区域空气质量管理机构需要从环境信息共享程度、区域减排贡献和协作工作履行情况等多方面衡量地方政府的协作行为,并纳入官员绩效考核中,为各地政府加强区域协作提供制度激励。此外,中央环保督察和华东督察局也应将区域大气污染防治协作的落实情况纳入督察内容,以中央和区域督查的方式为长三角区域大气污染协作治理提供制度保障。

长三角需要从区域层面、行业层面和管理层面构建区域一体化的环境准入政策,规范大气污染源的排放行为,提高长三角地区空气质量治理的效率,推动长三角区域空气质量的改善。严格环境准入是区域大气污染防治的重要抓手和源头管理措施。长三角三省一市应在节能减排、污染排放效率、产业准入和淘汰要求等方面实现标准对接,通过信息共享、互通交流等方式,科学制定实施规则,实现区域内部环境准入标准的一体化。

## 四、以多元共治推动长三角区域大气污染常态化协同治理

区域大气污染协作治理是一项复杂的系统工程,涉及中央政府、地方政府、排污单位和社会公众等多类利益相关主体。以政府管制为主的区域协作模式难以应对长三角区域空气质量精细化、高效率管理的需求。长三角亟须构建"以政府为主导、以企业为主体、社会组织和公众共同参与"的区域大气污染防治协作体系。为应对政府有限的环境监管能力与庞大的污染源数量之间的矛盾,长三角需要将政府的部分点源管理责任与权力赋予企业和社会治

理主体,明确界定各治理主体的管理职能,通过引入自我监管、信息公开、社会监督等管理手段,强化企业和社会环境治理的主体责任,在多主体间形成相互制约、相互协作的治理结构。

作为环境保护的监管主体和公共服务的供给主体,长三角三省一市应从法律基础、技术标准和保障机制等多方面完善区域排污许可制度等常态化管理机制的顶层设计,为区域大气污染协同治理提供理想化的制度安排。此外,区域空气质量管理机构应通过强化区域统一的监管与执法,对企业和第三方环保服务机构进行监督,推动区域大气污染防治的深度协作。在多元共治中,企业应履行环境管理的主体责任,通过全面落实企业诚信和守法的主体责任,实现企业污染物持续达标排放。长三角应充分利用现有的信息化手段,通过信息公开和公众参与鼓励社会公众利用自身的技术条件和影响力,为政府提供专业信息和决策支撑,弥补政府的监管空缺,持续推动长三角区域大气污染防治协作进程。

# 参考文献

[1] 郁鸿胜.长三角进入制度合作阶段,需要一个怎样的区域协调机制?[N].上观新闻,2018-01-21.

[2] 俞立中,徐长乐,宁越敏,等.后世博效应对长三角一体化发展区域联动研究[J].科学发展,2011,(5):27-51.

[3] 上海市环境科学研究院课题组.深化长三角区域大气污染防治联动研究[J].科学发展,2016,87(2):76-85.

[4] 刘冬惠,张海燕,毕军.区域大气污染协作治理的驱动机制研究——以长三角地区为例[J].中国环境管理,2017,9(2):73-79.

[5] 宁淼,孙亚梅,杨金田.国内外区域大气污染联防联控管理模式分析[J].环境与可持续发展,2012,37(5):11-18.

[6] 汪小勇,万玉秋,姜文,等.美国跨界大气环境监管经验对中国的借鉴[J].中国人口·资源与环境,2012,22(3):122-127.

[7] 刘茜.为了我们呼吸的空气——南加州空气质量管理局实践[J].世界环境,2013,(6):36-38.

[8] 赵秋月,李冰.美国南加州空气质量管理经验及启示[J].环境保护,2013,41(16):71-72.

[9] WOLFF G T, LIOY P J, MEYERS R E, et al. Anatomy of Two Ozone Transport Episodes in the Washington, D. C., to Boston, Mass, Corridor[J]. Environmental Science & Technology, 1977, 11(5): 65-82.

［10］万薇.美国臭氧污染治理的经验借鉴与思考［J］.绿叶,2017,
　　　(12):53-58.

［11］BERGIN M S,WEST J J,KEATING T J,et al. Regional
　　　Atmospheric Pollution and Transboundary Air Quality
　　　Management ［J］. Annual Review of Environment &
　　　Resources,2005,30(1):1-37.

［12］亚洲清洁空气中心,美国臭氧区域控制政策演进［EB/OL］.
　　　(2016-03-16)［2019-11-04］. http://www. allaboutair.
　　　cn/a/cbw/bg/2016/0316/401. html.

［13］NAPOLITANO S,STEVENS G,SCHREIFELS J,et al.
　　　The NO_x Budget Trading Program:A Collaborative,
　　　Innovative Approach to Solving a Regional Air Pollution
　　　Problem［J］. Electricity Journal,2007,20(9):65-76.

［14］佘群芝.北美自由贸易区环境合作的特点［J］.当代亚太,
　　　2001,(6):28-32.

［15］吴健,马中.美国排污权交易政策的演进及其对中国的启示
　　　［J］.环境保护,2004,(8):59-64.

［16］黄文君,田莎莎,王慧.美国的排污权交易:从第一代到第三
　　　代的考察［J］.环境经济,2013,(7):32-39.

［17］陈维春,曲扬.美国排污权交易对我国之启示［J］.华北电力
　　　大学学报(社会科学版),2013,(6):1-5.

［18］RAUFER R,IYER S. Emission Trading ［M］//CHEN W-
　　　Y,SEINER J,SUZUKI T,et al. Handbook of Climate
　　　Change Mitigation. Springer. 2012:235-275.

［19］王金南,张炳,吴悦颖,等.中国排污权有偿使用和交易:实践
　　　与展望［J］.环境保护,2014,42(14):22-25.

［20］NAPOLITANO S,SCHREIFELS J,STEVENS G,et al.
　　　The U. S. Acid Rain Program:Key Insights from the
　　　Design,Operation,and Assessment of a Cap-and-Trade

Program[J]. Electricity Journal，2007，20(7)：47－58.

[21] 魏巍贤，王月红. 跨界大气污染治理体系和政策措施——欧洲经验及对中国的启示[J]. 中国人口·资源与环境，2017，27(9)：6－14.

[22] 任凤珍，孟亚明. 欧盟大气污染联防联控经验对我国的启示[J]. 经济论坛，2016，(8)：144－145.

[23] 环境保护部大气污染防治欧洲考察团. 欧盟大气环境标准体系和环境监测主要做法及空气质量管理经验——环境保护部大气污染防治欧洲考察报告之三[J]. 环境与可持续发展，2013,38(5)：11－13.

[24] 环境保护部大气污染防治欧洲考察团. 欧盟污染物总量控制历程和排污许可证管理框架——环境保护部大气污染防治欧洲考察报告之二[J]. 环境与可持续发展，2013,38(5)：8－10.

[25] 环境保护部大气污染防治欧洲考察团. 欧盟 $PM_{2.5}$ 控制策略和煤炭使用控制的主要做法——环境保护部大气污染防治欧洲考察报告之四[J]. 环境与可持续发展，2013,38(5)：14－17.

[26] 胡必彬，孟伟. 欧盟大气环境标准体系研究[J]. 环境科学与技术，2005,28(4)：61－62.

[27] VRONTISI Z，ABRELL J，NEUWAHL F，et al. Economic Impacts of EU Clean Air Policies Assessed in a CGE framework [J]. Environmental Science & Policy，2016，55：54－64.

[28] 常纪文. 中欧区域大气污染联防联控立法之比较——兼论我国大气污染联防联控法制的完善[J]. 发展研究，2015，(10)：77－92.

[29] 周茂荣，谭秀杰. 欧盟碳排放交易体系第三期改革研究[J]. 武汉大学学报(哲学社会科学版)，2013,66(5)：5－11.

［30］PERDAN S，AZAPAGIC A. Carbon Trading：Current Schemes and Future Developments［J］. Energy Policy，2011，39(10)：6040 – 6054.

［31］李布.借鉴欧盟碳排放交易经验构建中国碳排放交易体系［J］.中国发展观察,2010,(1):55 – 8.

［32］WRÅKE M，BURTRAW D，LÖFGREN Å，et al. What Have We Learnt from the European Union's Emissions Trading System? ［J］. Ambio, 2012，41(1)：12 – 22.

［33］ELLERMAN A D，CONVERY F J，DE PERTHUIS C. Pricing Carbon：the European Union Emissions Trading Scheme ［M］. Cambridge University Press，2010.

［34］PERTHUIS C D，TROTIGNON R. Governance of $CO_2$ markets：Lessons from the EU ETS［J］. Energy Policy，2014，75：100 – 106.

［35］BAILEY I. The EU Emissions Trading Scheme ［J］. Climate Change，2010，1(1)：144 – 153.

［36］TROTIGNON R. Combining Cap-and-Trade with Offsets：Lessons from the EU-ETS［J］. Climate Policy，2012，12(3)：273 – 287.

［37］吴舜泽,李新,储成君.强化制度建设实现环境管理战略转型［J］.环境保护,2014,(1):22 – 25.

［38］王金南,秦昌波.环境质量管理新模式:启程与挑战［J］.中国环境管理,2016,8(1):9 – 14.

［39］王金南,秦昌波,雷宇,等.构建国家环境质量管理体系的战略思考［J］.环境保护,2016,44(11):14 – 18.

［40］王志平.基于环境承载力的总量控制管理方式改革思路探讨［J］.环境保护,2016,44(7):52 – 53.

［41］安彤.浅论大气环境管理重心由总量控制向质量改善转型［J］.环境与可持续发展,2013,38(1):40 – 43.

[42] 张永亮,俞海,夏光,等.最严格环境保护制度:现状、经验与政策建议[J].中国人口·资源与环境,2015,(2):90-95.

[43] 陈佳,卢瑛莹,冯晓飞.基于"一证式"排污许可的点源环境管理制度整合研究[J].中国环境管理,2016,8(3):90-94.

[44] 钱文涛,宋国君.空气固定源,一证式管理怎么实现?[J].环境经济,2015,(za):7-9.

[45] 宋国君,赵英煛,黄新皓.论我国污染源监测管理的改革[J].环境保护,2015,43(20):36-39.

[46] 王芳.结构转向:环境治理中的制度困境与体制创新[J].华东理工大学学报(社会科学版),2009,24(2):99-105.

[47] 刘鹏.善治的改革导向:从政府社会性管制到多元共治[J].广东行政学院学报,2003,15(4):22-25.

[48] 吴舜泽,叶维丽,吴悦颖.排污许可制度设计实施需要改革创新[N].中国环境报,2015-06-16(002).

[49] 田千山.生态环境多元共治模式:概念与建构[J].行政论坛,2013,20(3):100-105.

[50] 徐云,曹凤中.我国新环境保护法的突破与展望[J].中国环境管理,2014,3:1-4.

[51] 张惠远,张强,刘煜杰,等.关于深化我国生态保护监管体制改革的思考[J].环境保护,2015,43(18):51-54.

[52] 常纪文.新常态下我国生态环保监管体制改革的问题与建议——国际借鉴与国内创新[J].中国环境管理,2015,7(5):15-23.

[53] 卢瑛莹,冯晓飞,陈佳,等.基于"一证式"管理的排污许可证制度创新[J].环境污染与防治,2014,36(11):89-91.

[54] 宋国君,钱文涛.实施排污许可证制度治理大气固定源[J].环境经济,2013,(11):21-25.

[55] 生态环境部规划财务司.中国排污许可制度改革:历史、现实和未来[N].中国环境报,2018-09-12.

[56] 陈佳,卢瑛莹,冯晓飞.基于"一证式"排污许可的点源环境管理制度整合研究[J].中国环境管理,2016,8(3):90-94.

[57] 王金南,吴悦颖,雷宇,等.中国排污许可制度改革框架研究[J].环境保护,2016,44(z1):10-16.

[58] 徐继先,陈齐.浙江省执行排污许可制的经验与实践[J].环境与发展,30(12):230-231.

[59] 邢雅囡,吴云波,田爱军.江苏省污染物排放许可管理与区域总量控制制度研究[J].环境保护科学,2015,5:86-89.

[60] 冯晓飞,卢瑛莹,陈佳.浙江省排污许可证制度改革探索与实践[J].环境影响评价,2016,38(2):61-63.

[61] 徐高田.构建"三监联动"平台,强化水环境污染监管力度:"第三届工业节水减排和污水回用技术国际研讨会"论文集[C/OL].2008[2019-11-04]http://www.wanfangdata.com.cn/details/detail.do?_type=conference&id=7444385.

[62] 王焕松,柴西龙,姚懿函.排污许可制度基层实践与顶层设计优化探索[J].环境保护,2018,46(8):24-26.

[63] 张建宇.美国排污许可制度有哪些经验[J].人民周刊,2016,2:56-57.

[64] 谢放尖,李文青,周君薇,等.美国大气排污许可证制度分析及启示[J].环境监测管理与技术,2016,28(6):5-8.

[65] 周军英,汪云岗,钱谊.美国大气污染物排放标准体系综述[J].生态与农村环境学报,1999,15(1):53-58.

[66] 纪志博,王文杰,刘孝富,等.排污许可证发展趋势及我国排污许可设计思路[J].环境工程技术学报,2016,6(4):323-330.

[67] 王名,蔡志鸿,王春婷.社会共治:多元主体共同治理的实践探索与制度创新[J].中国行政管理,2014,12:16-19.

[68] 鞠昌华,罗岳平,李启武.区域排污许可制度探索要保证科学

性[N].中国环境报,2016－08－07.

[69] 高宝,傅泽强,沈鹏,等.产业环境准入的国内外研究进展[J].环境工程技术学报,2015,5(1):72－78.

[70] 薛文博,吴舜泽,杨金田,等.城市环境总体规划中大气环境红线内涵及划定技术[J].环境与可持续发展,2014,39(1):14－16.

[71] 薛文博,汪艺梅,王金南.大气环境红线划定技术研究[J].环境与可持续发展,2014,39(3):13－15.

[72] 叶维丽,白涛,王强,等.基于总量控制的中国点源环境管理体系构建[J].环境污染与防治,2015,37(3):1－4.

[73] 环境保护部.化学品环境风险防控"十二五"规划[J].中国环保产业,2013,3:12－23.

[74] 张南南,秦昌波,王倩,等."三线一单"大气环境质量底线体系与划分技术方法[J].中国环境管理,2018,10(5):24－28.

[75] 王占山.燃煤火电厂和工业锅炉及机动车大气污染物排放标准实施效果的数值模拟研究[D];中国环境科学研究院,2013.

[76] 刘世明.长三角:"十三五"保持能耗低增速[N].中国电力报,2017－06－03.

[77] 许强,陈金海,卫俊杰.浙江:构建环境准入体系促进产业转型升级[J].环境影响评价,2014,3:26－29.

[78] 生态环境部.中国机动车环境统计年报2018[R/OL].(2019－04－09)[2019－11－04].http://www.gov.cn/guoqing/2019－04/09/content_5380744.htm.

[79] 环境保护部.中国机动车环境管理年报2016[R/OL].(2016－06－02)[2019－11－04].http://www.mee.gov.cn/gkml/sthjbgw/qt/201606/t20160602_353152.htm.

[80] 谷雪景.移动源国家大气污染物排放标准体系演变及发展方向研究[J].环境保护,2014,42(17):48－50.

［81］李孟良.利用机动车能源转型助推大气环境改善［J］.环境保护,2013,41(10):35－37.

［82］王文嫣.长三角水域将率先实施船舶排放控制区［J］.珠江水运,2016,2:44－44.

［83］张磊,余靖.浙江省污染源自动监控管理信息化发展探索［J］.中国环境管理,2016,8(1):92－96.

［84］张全.以第三方治理为方向加快推进环境治理机制改革［J］.环境保护,2014,42(20):31－33.

［85］葛察忠,程翠云,董战峰.环境污染第三方治理问题及发展思路探析［J］.环境保护,2014,42(20):28－30.

［86］陈湘静.第三方治理为环境监管带来新挑战新机遇［N］.中国环境报,2016－07－19.

［87］徐闻,陈奎余.长三角区域环保法规差异冲突及其协调研究［J］.特区经济,2009,3:48－50.

［88］董战峰,李红祥,葛察忠,等.环境经济政策年度报告 2015［J］.环境经济,2016,(z5):12－33.

［89］董战峰,葛察忠,高树婷,等.新时期我国环境经济政策体系建设面临挑战［J］.环境经济,(10):17－23.

［90］王金南,董战峰,李红祥,等.国家环境经济政策进展评估报告:2017［J］.中国环境管理,2018,(2):14－18.

［91］原庆丹."十三五"时期我国环境经济政策创新发展思路、方向与任务［J］.经济研究参考,2015,(3):32－41.

［92］戴洁,黄蕾,胡静,等.基于区域一体化背景下的长三角环境经济政策优化研究［J］.中国环境管理,2019,11(3):77－81.

［93］葛察忠,翁智雄,段显明.绿色金融政策与产品:现状与建议［J］.环境保护,2015,43(2):32－37.

［94］柳凌,倪吴忠.我国环保电价政策体系及监管方式探索［J］.中国价格监管与反垄断,2018,(10):58－62.

［95］董战峰,郝春旭,葛察忠,等.环境经济政策年度报告 2018

[J].环境经济,2019,7:60-64.

[96] 董战峰,李红祥,葛察忠,等.环境经济政策创新改革之年——2014年国家环境经济政策进展报告[J].环境经济,2015,(12):4-13.

[97] 陈佳,贾颖娜,马侠.浙江省绿色信贷政策发展现状及对策[J].环境与生活,2014,12(71):11-12.

[98] 苏丹,王燕,李志勇,等.中国排污权交易实践存在的问题及其解决路径[J].中国环境管理,2013,5(4):1-11.

[99] 邵思翊.用市场撬动大气治理浙江排污权交易额占全国三分之二[N/OL].中国新闻网,(2015-07-28)[2019-11-04].http://www.chinanews.com/gn/2015/07-28/7433124.shtml.

[100] 陆冰清.上海碳排放交易试点实践经验及启示[EB/OL].(2019-08-11)[2019-11-04].http://www.tanpaifang.com/tanjiaoyi/2019/0811/65120.html.

[101] 农工党上海市委.关于推进长三角区域主要大气污染物排污交易的建议[EB/OL].(2017-04-26)[2019-11-04].http://www.shszx.gov.cn/node2/node5368/node5376/node5388/u1ai98780.html.

[102] 李晓亮,牛海鹏,张平淡.以探索环保新道路为实践主体的中国环境经济政策体系[J].环境保护,2012,(5):43-46.

[103] 张厚美.完善公共财政政策保障"十二五"基层环保工作[J].环境保护,2012,(z1):69-70.

[104] 高桂林,罗晨煜.大气重污染应急管理制度建设与展望[J].环境保护,2014,42(22):54-57.

[105] 楚道文.如何完善我国大气环境应急管理法律制度——以《奥运空气质量保障措施》的长效制度构建为分析样本[J].法学杂志,2011,(9):32-35.

[106] 张景杰.解读《关于加强重污染天气应急管理工作的指导意

见》[N].中国环境报,2014-02-10.

[107] 郭薇,刘晓星.提升重污染天气应对的科学性准确性有效性[N].中国环境报,2016-02-26.

[108] 刘娟.长三角区域环境空气质量预测预警体系建设的思考[J].中国环境监测,2012,28(4):135-140.

[109] 矫梅燕.城市重污染天气应急管理的北京实践与探讨[J].中国应急管理,2014,(10):7-11.

[110] 马寅,曹兴,薛丽洋.重污染天气应急预案现状及对策探讨[J].甘肃科技,2015,(18):7-9.

[111] 柴发合,邱雄辉,胡君.深入完善应急措施妥善应对重污染天气[J].环境保护,2013,(22):14-17.

[112] 雷宇,宁淼,孙亚梅.建立大气治理长效机制留住"APEC蓝"[J].环境保护,2014,42(24):36-39.

[113] 周珂,张卉聪.我国大气污染应急管理法律制度的完善[J].环境保护,2013,(22):21-23.

[114] 温源远,程天金,李宏涛,等.大气污染应急精细化管理的实现路径[J].环境保护,2013,41(23):43-44.

[115] 李林.紧急状态法的宪政立法原理、模式和框架[J].法学,2004,(8):14-16.

[116] 张世秋.京津冀一体化与区域空气质量管理[J].环境保护,2014,42(17):30-33.

[117] 谢宝剑,陈瑞莲.国家治理视野下的大气污染区域联动防治体系研究——以京津冀为例[J].中国行政管理,2014,9:6-10.

[118] 汪伟全.空气污染的跨域合作治理研究——以北京地区为例[J].公共管理学报,2014,1:55-64.